全国科学技术名词审定委员会

公　　布

科学技术名词·自然科学卷（全藏版）

2

地 球 物 理 学 名 词

CHINESE TERMS IN GEOPHYSICS

地球物理学名词审定委员会

国家自然科学基金资助项目

科 学 出 版 社

北 京

内 容 简 介

　　本书是全国科学技术名词审定委员会审定公布的第一批地球物理学名词。内容包括固体地球物理学、空间物理学及应用地球物理学等三大类，共 1399 条。本书是科研、教学、生产、经营以及新闻出版等部门使用的地球物理学规范名词。

图书在版编目（CIP）数据

科学技术名词. 自然科学卷：全藏版 / 全国科学技术名词审定委员会审定.
—北京：科学出版社，2017.1

ISBN 978-7-03-051399-1

Ⅰ. ①科⋯　Ⅱ. ①全⋯　Ⅲ. ①科学技术–名词术语 ②自然科学–名词术语
Ⅳ. ①N61

中国版本图书馆 CIP 数据核字（2016）第 314947 号

责任编辑：李玉英 / 责任校对：陈玉凤
责任印制：张　伟 / 封面设计：铭轩堂

科 学 出 版 社 出版
北京东黄城根北街 16 号
邮政编码：100717
http://www.sciencep.com
北京厚诚则铭印刷科技有限公司印刷
科学出版社发行　各地新华书店经销
*
2017 年 1 月第　一　版　　开本：787×1092 1/16
2017 年 1 月第一次印刷　　印张：6 1/4
字数：133 000
定价：5980.00 元（全 30 册）

全国自然科学名词审定委员会委员名单

主 任 委 员：　钱三强

副主任委员：　叶笃正　　章　综　　马俊如　　胡兆森　　王寿仁

　　　　　　　吴衍庆　　戴荷生　　苏世生　　吴凤鸣　　黄昭厚

委　　　员　(按姓氏笔画为序)：

马大猷	王大珩	王大耜	王子平	王世真
王绶琯	卢钟鹤	叶克明	叶连俊	田方增
邢其毅	朱弘复	任新民	刘涌泉	杨孝仁
李正理	李怀尧	李君凯	李荫远	吴大任
吴阶平	吴鸿适	谷超豪	宋　立	陈　原
陈陆圻	陈家镛	陈鉴远	阿巴斯	包尔汉
林　超	周　炜	周明镇	季文美	郑作新
尚　丁	张　伟	张光斗	张致一	张青莲
赵凯华	赵惠田	姚贤良	徐士高	钱伟长
钱临照	翁心植	谈家桢	龚树模	龚嘉侯
康文德	章基嘉	梁树权	蒋国基	傅承义
程开甲	程裕淇	曾呈奎		

地球物理学名词审定委员会委员名单

主任委员：傅承义

副主任委员：陈运泰

委　　员(按姓氏笔画为序)：

丁明棠　马在田　马醒华　王懋基　卢林生

刘光鼎　庄灿涛　肖　佐　李　钧　言静霞

佟　伟　张立敏　张赤军　张南海　张赛珍

陈祖传　周　炜　保宗悌　徐文耀　都　亨

高龙生　唐光后　熊光楚

秘　　书：柳百琪

序

科技名词术语是科学概念的语言符号。人类在推动科学技术向前发展的历史长河中，同时产生和发展了各种科技名词术语，作为思想和认识交流的工具，进而推动科学技术的发展。

我国是一个历史悠久的文明古国，在科技史上谱写过光辉篇章。中国科技名词术语，以汉语为主导，经过了几千年的演化和发展，在语言形式和结构上体现了我国语言文字的特点和规律，简明扼要，蓄意深切。我国古代的科学著作，如已被译为英、德、法、俄、日等文字的《本草纲目》、《天工开物》等，包含大量科技名词术语。从元、明以后，开始翻译西方科技著作，创译了大批科技名词术语，为传播科学知识，发展我国的科学技术起到了积极作用。

统一科技名词术语是一个国家发展科学技术所必须的基础条件之一。世界经济发达国家都十分关心和重视科技名词术语的统一。我国早在1909年就成立了科技名词编订馆，后又于1919年中国科学社成立了科学名词审定委员会，1928年大学院成立了译名统一委员会。1932年成立了国立编译馆，在当时教育部主持下先后拟订和审查了各学科的名词草案。

新中国成立后，国家决定在政务院文化教育委员会下，设立学术名词统一工作委员会，郭沫若任主任委员。委员会分设自然科学、社会科学、医药卫生、艺术科学和时事名词五大组，聘任了各专业著名科学家、专家，审定和出版了一批科学名词，为新中国成立后的科学技术的交流和发展起到了重要作用。后来，由于历史的原因，这一重要工作陷于停顿。

当今，世界科学技术迅速发展，新学科、新概念、新理论、新方法不断涌现，相应地出现了大批新的科技名词术语。统一科技名词术语，对科学知识的传播，新学科的开拓，新理论的建立，国内外科技交流，学科和行业之间的沟通，科技成果的推广、应用和生产技术的发展，科技图书文献的编纂、出版和检索，科技情报的传递等方面，都是不可缺少的。特别是计算机技术的推广使用，对统一科技名词术语提出了更紧迫的要求。

为适应这种新形势的需要，经国务院批准，1985年4月正式成立了全国自然科学名词审定委员会。委员会的任务是确定工作方针，拟定科技名词术语审定工作计划、实施方案和步骤，组织审定自然科学各学科名词术语，并予以公布。根据国务院授权，委员会审定公布的名词术语，科研、教学、生产、经营、以及新闻出版等各部门，均应遵照使用。

全国自然科学名词审定委员会由中国科学院、国家科学技术委员会、国家教育委员会、中国科学技术协会、国家标准局、国家自然科学基金委员会分别委派了正、副主任，担任领导工作。在中国科协各专业学会密切配合下，逐步建立各专业审定分委员会，并已建立起一支由各学科著名专家、学者组成的近千人的审定队伍，负责审定本学科的名词术语。我国的名词审定工作进入了一个新的阶段。

这次名词术语审定工作是对科学概念进行汉语订名，同时附以相应的英文名称，既有我国语言特色，又方便国内外科技交流。通过实践，初步摸索了具有我国特色的科技名词术语审定的原则与方法，以及名词术语的学科分类、相关概念等问题，并开始探讨当代术语学的理论和方法，以期逐步建立起符合我国语言规律的自然科学名词术语体系。

统一我国的科技名词术语，是一项繁重的任务，它既是一项专业性很强的学术性工作，又是一项涉及亿万人使用的实际问题。审定工作中我们要认真处理好科学性、系统性和通俗性之间的关系；主科与副科间的关系；学科间交叉名词术语的协调一致；专家集中审定与广泛听取意见等问题。

汉语是世界五分之一人口使用的语言，也是联合国的工作语言之一。除我国外，世界上还有一些国家和地区使用汉语，或使用与汉语关系密切的语言。做好我国的科技名词术语统一工作，为今后对外科技交流创造了更好的条件，使我炎黄子孙，在世界科技进步中发挥更大的作用，作出重要的贡献。

统一我国科技名词术语需要较长的时间和过程，随着科学技术的不断发展，科技名词术语的审定工作，需要不断地发展、补充和完善。我们将本着实事求是的原则，严谨的科学态度作好审定工作，成熟一批公布一批，提供各界使用。我们特别希望得到科技界、教育界、经济界、文化界、新闻出版界等各方面同志的关心、支持和帮助，共同为早日实现我国科技名词术语的统一和规范化而努力。

全国自然科学名词审定委员会主任

钱　三　强

1987 年 8 月

前　　言

　　地球物理学是以地球为研究对象的一门应用物理学,是天文、物理、化学、地质学之间的一门边缘科学。虽然自本世纪初以来地球物理学已自成体系,而且自六十年代以来地球物理学有了很大的发展,但我国地球物理学界却一直没有自己的《地球物理学名词》,多数情况下都是沿用天文、物理、化学和地质学等相关学科的名词。对于地球物理学特有的名词术语的定名工作,过去仅有少数专家给予关注;近年来,出版了一些编译的地球物理学名词词典,但中国地球物理学界一直未能有组织、有计划地开展地球物理学名词的审定工作。这种情况对于地球物理学知识的传播,对于地球物理学文献资料的编纂、出版和检索以及国内外学术交流,都是很不利的,与六十年代以来地球物理学迅速发展的情况也是很不适应的。

　　中国地球物理学会地球物理学名词审定委员会受全国自然科学名词审定委员会的委托,在中国空间科学学会和中国地震学会的支持和配合下,作为全国自然科学名词审定委员会地球物理学名词审定分委员会,承担了地球物理学名词的审定工作。1986 年 8 月 3 日至 5 日在北京召开了第一次审定会议,拟定了选词规范和审定条例,编出了地球物理学名词草案,并进行了初步的讨论和研究。1986 年 11 月 18 日至 20 日在北京召开了第二次审定会议,逐条讨论了地球物理学名词草案,经修改后于 1987 年 5 月完成了二审稿,印发有关专家学者和单位征求意见。1987 年 7 月 31 日至 8 月 5 日在桂林召开了第三次审定会议,对各方面反馈回来的意见进行了讨论和研究,经过反复修改和整理,提出了地球物理学名词草案三审稿,确定了第一批地球物理学名词 1399 条,呈报全国自然科学名词审定委员会。全国自然科学名词审定委员会委托秦馨菱、刘庆龄、刘光鼎三位教授进行复审后,于 1988 年 10 月批准公布。

　　本次审定的地球物理学名词,是地球物理学中经常出现的专业基本名词,同时配以符合国际习惯用法的英文或其它外文名词。汉语名词按固体地球物理学、空间物理学、应用地球物理学等三个分支学科分成三类排列,每类内按名词间的相对关系排列。类别的划分和名词的排列主要是为了便于查索,而不是严谨的分类研究。通过这次审定,对近十余年来地球物理学文献中经常出现但未能及时定名的术语,如 "[地震]层析成象"、"障碍体[震源模式]"、"凹凸体[震源模式]"、"主导地震" 等,都按照最能代表其内涵概念的叫法予以定名;对于虽属同一概念但在本学科不宜照搬的术语则按最能代表其在本学科内涵概念的叫法定名,如"频散"、"频散波"在物理学文献中称作"色散"、"色散波";对习用虽久但科学涵义不确的名词也藉此机会予以正确定名,如"主磁场"过去习称作"基本磁场";对于各相关学科之间争议已久的某些名词,例如"岩石层"、"软流层"等,则采纳涵义确切且与气象学等相关学科同类术语 (如"对流层"、"平流层"、"磁层"、"电离层"、"臭氧层"、"湍流层"等) 一致的定名。

在两年审定过程中,地球物理学界及相关学科的专家、学者曾给予热忱支持,提出了许多有益的意见和建议,我们在此谨表谢忱。希望海内外各界使用者继续提出宝贵意见,以便今后讨论修订。

地球物理学名词审定委员会
1988 年 12 月

编 排 说 明

一、本批公布的是地球物理学的基本名词。

二、全书按分支学科分为固体地球物理学、空间物理学、应用地球物理学三类。

三、汉文名词按学科的相关概念体系排列,并附以与该词概念对应的英文或其它外文名词。

四、一个汉文名词如对应几个英文同义词时,一般只配最常用的一个或两个英文名词,并用 "," 分开。

五、凡英文词首字母大、小写均可时,一律小写;英文词除必须用复数者外,一般用单数。

六、对某些新词和概念易混淆的词给出简明的定义性注释。

七、主要异名列在注释栏内。"又称"为不推荐用名;"曾用名"为被淘汰的旧名。

八、对应的外文名词为非英语 (如拉丁文等) 时,用( )注明文种。

九、[ ]中的字为可省略的部分。

十、书末所附的英汉索引,按名词的英文字母顺序排列;汉英索引,按名词的汉语拼音顺序排列;所示号码为该词在正文中的序号;索引中带 "*" 者为在注释栏内的条目。

目　　录

01. 固体地球物理学

序 码	汉 文 名	英 文 名	注 释
01.001	固体地球物理学	solid Earth geophysics	
01.002	地震学	seismology	
01.003	历史地震学	historical seismology	
01.004	爆炸地震学	explosion seismology	
01.005	勘探地震学	exploration seismology	
01.006	可控源地震学	controlled source seismology	
01.007	零频地震学	zero-frequency seismology	
01.008	近场地震学	near-field seismology	
01.009	应用地震学	applied seismology	
01.010	地外震学	extra-terrestrial seismology	
01.011	行星震学	planetary seismology	
01.012	金星震学	Venus seismology	
01.013	月震学	lunar seismology	
01.014	反射地震学	reflection seismology	
01.015	强地动地震学	strong motion seismology	
01.016	法律地震学	forensic seismology	
01.017	地震地质学	seismogeology	
01.018	地震构造学	seismotectonics	
01.019	地震社会学	seismosociology	
01.020	地震统计[学]	earthquake statistics	
01.021	工程地震[学]	engineering seismology	
01.022	地震工程[学]	earthquake engineering	
01.023	地震模型[学]	seismology model	
01.024	地震	earthquake	
01.025	月震	moonquake	
01.026	火星震	Marsquake	
01.027	构造地震	tectonic earthquake	
01.028	陷落地震	collapse earthquake	
01.029	火山地震	volcanic earthquake	
01.030	人工地震	artificial earthquake	
01.031	诱发地震	induced earthquake	
01.032	水库诱发地震	reservoir-induced earthquake	
01.033	历史地震	historical earthquake	
01.034	浅[源地]震	shallow-focus earthquake	

序码	汉文名	英文名	注释
01.035	深[源地]震	deep-focus earthquake	
01.036	正常[深度]地震	normal earthquake	
01.037	断层地震	fault earthquake	
01.038	地壳地震	crustal earthquake	
01.039	壳下地震	subcrustal earthquake	
01.040	海下地震	submarine earthquake	
01.041	海啸地震	tsunami earthquake	
01.042	地方震	local earthquake, local shock	
01.043	区域地震	regional earthquake	
01.044	有感地震	felt earthquake	
01.045	近震	near earthquake	
01.046	大震	major earthquake	
01.047	远震	large earthquake, distant earthquake, teleseism	
01.048	前震	foreshock	
01.049	主震	main shock	
01.050	余震	aftershock	
01.051	假余震	pseudo-aftershock	
01.052	震群	[earthquake] swarm	
01.053	强震	strong earthquake	
01.054	微震	microearthquake	
01.055	湖震	seismic seiche	
01.056	海震	sea-quake, sea shock	
01.057	海啸	tsunami, tidal wave, seismic sea wave	
01.058	脉动	microseism	
01.059	脉动暴	microseismic storm	
01.060	地震图	seismogram	
01.061	月震图	lunar seismogram	
01.062	地震活动性	seismicity, seismic activity	
01.063	诱发地震活动性	induced seismicity	
01.064	地震构造区	seismotectonic province	
01.065	地震区	earthquake province, earthquake region, seismic zone	
01.066	地震带	seismic belt, belt of earthquakes	
01.067	地震目录	earthquake catalogue	
01.068	地震序列	earthquake sequence, seismic	

序 码	汉 文 名	英 文 名	注 释
		sequence	
01.069	地震系列	earthquake series	
01.070	地震轮回	seismic cycle	
01.071	地震定位	earthquake location	
01.072	发震时刻	origin time	
01.073	震中	[earthquake] epicenter, epifocus	
01.074	震中距	epicentral distance	
01.075	震中分布	epicenter distribution	
01.076	震中烈度	epicenter intensity	
01.077	震中迁移	epicenter migration	
01.078	震中方位角	epicenter azimuth	
01.079	震中对跖点	anti-epicenter, anticenter	
01.080	地震大小	earthquake size, shock size	
01.081	震级	earthquake magnitude, magnitude	
01.082	地方震级	local magnitude	
01.083	里氏震级	Richter magnitude	
01.084	统一震级	unified magnitude	
01.085	体波震级	body wave magnitude	
01.086	面波震级	surface wave magnitude	
01.087	矩震级	moment magnitude	
01.088	震级-频度关系	magnitude-frequency relation	
01.089	极震区	meizoseismal area	
01.090	宏观地震资料	macroseismic data	
01.091	地震烈度	earthquake intensity, seismic intensity	
01.092	烈度表	intensity scale	
01.093	修订的麦卡利[烈度]表	modified Mercalli [intensity] scale, MM [intensity] scale	简称"MM 表"。
01.094	麦德维捷夫-施蓬霍伊尔-卡尔尼克[烈度]表	Medvedev-Sponheuer-Karnik [intensity] scale, MSK [intensity] scale	简称"MSK 表"。
01.095	罗西-福勒[烈度]表	Rossi-Forel [intensity] scale	简称"RF 表"。
01.096	日本气象厅[烈度]表	Japan Meteorological Agency [intensity] scale, JMA [intensity] scale	简称"JMA 表"。

序 码	汉 文 名	英 文 名	注 释
01.097	地震频度	earthquake frequency	
01.098	等震线	isoseismal line, isoseismal curve	
01.099	地震危险区	earthquake-prone area	
01.100	地震重复率	earthquake recurrence rate	
01.101	地震周期性	earthquake periodicity.	
01.102	地震周期	earthquake period	
01.103	重现周期	return period	
01.104	震源	hypocenter, focus, seismic source	
01.105	震源距	hypocentral distance	
01.106	震源定位	hypocentral location	
01.107	主导地震	master earthquake	
01.108	主导[地震]事件	master [seismic] event, calibration [seismic] event	
01.109	联合震源定位	joint hypocentral determination	
01.110	震源参数	hypocenter parameter, seismic source parameter	
01.111	地震参数	seismic parameter	
01.112	震源深度	focal depth, earthquake depth	
01.113	地震迁移	earthquake migration	
01.114	地震活动区	seismically active zone	
01.115	地震活动带	seismically active belt	
01.116	地震空区	seismic gap	
01.117	无震区	aseismic zone	
01.118	无震带	aseismic belt	
01.119	无震滑动	aseismic slip	
01.120	地震波	seismic wave, earthquake wave	
01.121	初至波	primary wave	简称"P波"。
01.122	纵波	longitudinal wave	
01.123	压缩波	compressional wave	
01.124	膨胀波	dilatational wave	
01.125	无旋波	irrotational wave	
01.126	续至波	secondary wave	简称"S波"。
01.127	横波	transverse wave	
01.128	剪切波	shear wave	
01.129	等体积波	equivoluminal wave	
01.130	旋转波	rotational wave	
01.131	地震体波	seismic body wave, bodily seismic	

序 码	汉 文 名	英 文 名	注 释
		wave	
01.132	地震面波	seismic surface wave	
01.133	远震地震波	teleseismic wave	
01.134	地震波频散	seismic-wave dispersion	
01.135	正频散	normal dispersion	
01.136	反频散	inverse dispersion	
01.137	[地震波]走时	travel time	
01.138	走时曲线	travel time curve	
01.139	到时	arrival time	
01.140	到时差	arrival time difference	
01.141	和达图	Wadati diagram	
01.142	20°间断	20° discontinuity	震中距20°附近，地震体波走时曲线梯度的突然变化。
01.143	直达波	direct wave	
01.144	地表波	ground wave	
01.145	[地震]震相	[seismic] phase	
01.146	锐始	impetus, i (拉)	
01.147	缓始	emersio, e (拉)	
01.148	T震相	T phase	海洋边缘的台站记录到的，沿SOFAR声道传播的高频波。
01.149	SOFAR声道	sound fixing and ranging channel, SOFAR channel	波速约为1.5公里／秒的海洋低速层。
01.150	相速度	phase velocity	
01.151	群速度	group velocity	
01.152	地震射线	seismic ray	
01.153	界面速度	boundary velocity	
01.154	界面波	boundary wave	
01.155	震相辨别	phase discrimination	
01.156	震相识别	phase identification	
01.157	[波的]转换	conversion [of waves]	
01.158	转换波	converted wave	
01.159	尾波	coda, cauda (拉)	
01.160	地震测深	seismic sounding	
01.161	地震折射法	seismic refraction method	
01.162	地震反射法	seismic reflection method	

序　码	汉　文　名	英　文　名	注　释
01.163	自由振荡	free-oscillation	
01.164	地球谱学	terrestrial spectroscopy	
01.165	地球干涉量度学	terrestrial interferometry	
01.166	极相漂移	polar phase shift	
01.167	简正振型	normal mode	
01.168	谐波简正振型	overtone normal mode	
01.169	高阶振型	higher mode	
01.170	径向振荡	radial oscillation	
01.171	极型	poloidal	
01.172	极型振荡	poloidal oscillation	
01.173	球型	spheroidal	
01.174	球型振荡	spheroidal oscillation	
01.175	环型	toroidal	
01.176	环型振荡	toroidal oscillation	
01.177	扭转型	torsional	
01.178	扭转型振荡	torsional oscillation	
01.179	风琴管振型	organ-pipe mode	
01.180	足球振型	football mode	
01.181	分裂参数	splitting parameter	
01.182	近场	near-field	
01.183	远场	far-field	
01.184	远场体波	far-field body wave	
01.185	远场面波	far-field surface wave	
01.186	多次反射	multiple reflection	
01.187	振型-射线双重性	mode-ray duality	
01.188	泄漏振型	leaky mode, leaking mode	
01.189	剥地球[法]	stripping the Earth	
01.190	走时表	travel-time table, seismological table	
01.191	杰弗里斯-布伦走时表	Jeffreys-Bullen travel time table, Jeffreys-Bullen seismological table, JB table	
01.192	佐普利兹-特纳走时表	Zöppritz-Turner travel time table	
01.193	初始参考地球模型	Preliminary Reference Earth Earth Model, PREM	

序 码	汉 文 名	英 文 名	注 释
01.194	初动	first motion, first movement	
01.195	初动近似	first motion approximation	
01.196	广义射线	generalized ray	
01.197	广义射线理论	generalized ray theory, GRT	
01.198	全波理论	full-wave theory	
01.199	平层近似	flat-layer approximation	
01.200	理论地震图	theoretical seismogram	
01.201	合成地震图	synthetical seismogram	
01.202	几何扩散	geometric spreading	
01.203	地滚	ground roll	
01.204	虚反射	ghost reflection	
01.205	首波	head wave	
01.206	侧面波	lateral wave	
01.207	地球模型	Earth model	
01.208	地球变平换算	Earth-flattening transformation	
01.209	地球变平近似	Earth-flattening approximation	
01.210	潜波	diving wave	
01.211	解耦	decoupling	
01.212	通道波	channel wave	
01.213	地壳传递函数	crustal transfer function	
01.214	锥面波	conical wave	
01.215	尖点	cusp	
01.216	卡尼亚尔法	Cagniard method	
01.217	卡尼亚尔-德胡普法	Cagniard-De Hoop method, Cagniard-De Hoop technique	
01.218	德胡普变换	De Hoop transformation	
01.219	空气波	air wave	
01.220	艾里震相	Airy phase	
01.221	大角度反射	wide-angle reflection	
01.222	WKBJ 法	Wentzel-Kramers-Brillouin-Jeffreys method, WKBJ method	
01.223	WKBJ [理论]地震图	WKBJ [theoretical] seismogram	
01.224	高斯波束	Gaussian beam	
01.225	反射系数	reflection coefficient	
01.226	透射系数	transmission coefficient	

序 码	汉文名	英 文 名	注 释
01.227	汤姆森–哈斯克尔矩阵法	Thomson–Haskell matrix methord	
01.228	反射率法	reflectivity method	
01.229	离散波数法	discrete wavenumber method, DW method	
01.230	离散波数有限元法	discrete wavenumber／finite element method, DWFE method	
01.231	传播矩阵	propogator matrix	
01.232	透射矩阵	transmission matrix	
01.233	反射矩阵	reflection matrix	
01.234	传递函数	transfer function	
01.235	τ 函数	τ function	
01.236	τ 法	τ method	
01.237	时间项	time–term	
01.238	时间项法	time–term method	
01.239	隧道波	tunneling wave	
01.240	[地震波的]隧道效应	tunneling effect [of seismic wave]	
01.241	转折点	turning point	
01.242	前进波	progressive wave	
01.243	[剪切耦合]PL 波	[shear coupled] PL waves	
01.244	斯通莱波	Stoneley wave	
01.245	横波型面波	surface S wave	
01.246	慢度	slowness	
01.247	慢度法	slowness method	
01.248	地震吸收带	seismic absorption band	
01.249	影区	shadow zone	
01.250	叠加	stacking	
01.251	[地震]波导	[seismic] wave guide	
01.252	射线参数	ray parameter	
01.253	射线法	ray method	
01.254	折合走时	reduced travel time	
01.255	勒夫波	Love wave, Querwellen (德)	简称"Q 波"。
01.256	瑞利波	Rayleigh wave	简称"R 波"。
01.257	空气耦合瑞利波	air–coupled Rayleigh wave	
01.258	正转	prograde	

序 码	汉 文 名	英 文 名	注 释
01.259	倒转	retrograde	
01.260	对称振型	symmetrical mode	
01.261	反对称振型	antisymmetrical mode	
01.262	射线追踪	ray tracing	
01.263	[射线]发射法	[ray] shooting method	
01.264	[射线]弯曲法	[ray] bending method	
01.265	[地震]层析成象	[seismic] tomography	
01.266	震源运动学	seismic source kinematics	
01.267	震源动力学	seismic source dynamics	
01.268	震源体积	focal volume	
01.269	地震位错	seismic dislocation, earthquake dislocation	
01.270	震源机制	focal mechanism, earthquake source mechanism	
01.271	震源机制解	focal mechanism solution	
01.272	断层面解	fault-plane solution	
01.273	综合断层面解	composite fault-plane solution	
01.274	地震机制	earthquake mechanism	
01.275	地震成因	cause of earthquake	
01.276	弹性回跳	elastic rebound	
01.277	离源震	anaseism	
01.278	向源震	kataseism	
01.279	离源初动	anaseismic onset	
01.280	向源初动	kataseismic onset	
01.281	辐射图型	radiation pattern	
01.282	震源力	focal force	
01.283	地震力	earthquake force	
01.284	补偿线性向量偶极	compensated linear vector dipole, CLVD	
01.285	震源尺度	focal dimension	
01.286	单侧断裂	unilateral faulting	
01.287	双侧断裂	bilateral faulting	
01.288	剪切位错	shear dislocation	
01.289	张位错	tensile dislocation	
01.290	刃型位错	edge dislocation	
01.291	螺型位错	screw dislocation	
01.292	震源球	focal sphere	

序 码	汉 文 名	英 文 名	注 释
01.293	离源角	take-off angle	
01.294	延伸距离	extended distance	
01.295	节面	nodal plane	
01.296	压力轴	pressure axis, P-axis	简称"P 轴"。
01.297	张力轴	tension axis, T-axis	简称"T 轴"。
01.298	零向量	null vector, N-axis, B-axis	简称"N 轴"或 "B 轴"。
01.299	起始相	starting phase	
01.300	停止相	stopping phase	
01.301	突发相	breakout phase	
01.302	应变阶跃	strain step	
01.303	应力过量	stress glut	
01.304	地震能量	seismic energy	
01.305	[地震]马赫数	[seismic] Mach number	
01.306	地震矩	seismic moment	
01.307	[地震]矩密度张量	[seismic] moment-density tensor	
01.308	[地震]矩张量	[seismic] moment tensor	
01.309	地震效率	seismic efficiency	
01.310	滑动函数	slip function	
01.311	震源时间函数	source time function	
01.312	地震破裂力学	earthquake rupture mechanics	
01.313	破裂准则	fracture criterion	
01.314	自发[断层]破裂	spontaneous [fault] rupture	
01.315	破裂前沿	rupture front	
01.316	破裂长度	rupture length	
01.317	破裂过程	rupture process	
01.318	破裂传播	rupture propagation	
01.319	寂静地震	silent earthquake	
01.320	拐角频率	corner frequency	
01.321	[地震]应力降	[seismic] stress drop	
01.322	构造应力	tectonic stress	
01.323	有效应力	effective stress	
01.324	视应力	apparent stress	
01.325	滑动向量	slip vector	
01.326	平面剪切裂纹	in-plane shear crack	
01.327	反平面剪切裂纹	anti-plane shear crack	

序 码	汉 文 名	英 文 名	注 释
01.328	应力位错	stress dislocation	
01.329	有限移动源	finite moving source	
01.330	松弛源	relaxation source	
01.331	滑动角	rake	
01.332	多重地震	multiple earthquake	
01.333	闭锁断层	locked fault	
01.334	断层[作用]	faulting	
01.335	方向性	directivity	
01.336	方向性函数	directivity function	
01.337	有限性因子	finiteness factor	
01.338	有限性校正	finiteness correction	
01.339	有限性变换	finiteness transform	
01.340	震源过程	focal process	
01.341	愈合前沿	healing front	
01.342	膨胀	dilatancy	
01.343	膨胀-扩散模式	dilatancy-diffusion model, DD model	
01.344	膨胀硬化	dilatancy hardening	
01.345	干模式	dry model	
01.346	湿模式	wet model	
01.347	障碍体[震源模式]	barrier [source model]	
01.348	凹凸体[震源模式]	asperity [source model]	
01.349	围压	confining pressure	
01.350	地震预测	earthquake prediction	
01.351	地震预报	earthquake forecasting	
01.352	地震警报	earthquake warning	
01.353	地震区划	seismic zoning, seismic regionalization	
01.354	小区划	microzonation, microregionalization	
01.355	[地震]场地烈度	[seismic] site intensity	
01.356	震情	seismic regime	
01.357	地震监测	seismic surveillance	
01.358	引震应力	earthquake-generating stress	又称"发震应力"。
01.359	孕震区	seismogenic zone	
01.360	前兆	precursor	
01.361	地震活动性图象	seismicity pattern	

序 码	汉 文 名	英 文 名	注 释
01.362	地声	earthquake sound	
01.363	地光	earthquake light	
01.364	地倾斜	earth tilt	
01.365	地震危险性	seismic risk, earthquake risk	
01.366	震灾	seismic hazard, earthquake hazard	
01.367	震害	earthquake damage	
01.368	前兆时间	precursor time	
01.369	地壳形变	crustal deformation	
01.370	震前的	pre—seismic	
01.371	同震的	co—seismic	
01.372	震后的	post—seismic	
01.373	地震载荷	earthquake loading	
01.374	震动持续时间	duration of shaking	
01.375	累积持续时间	cumulative duration	
01.376	设计谱	design spectrum	
01.377	位移反应谱	displacement response spectrum	
01.378	速度反应谱	velocity response spectrum	
01.379	加速度反应谱	acceleration response spectrum	
01.380	伪速度反应谱	pseudo—velocity response spectrum	
01.381	伪加速度反应谱	pseudo—acceleration response spectrum	
01.382	地面运动	ground motion	
01.383	强地面运动	strong [ground] motion	简称"强地动"。
01.384	峰值位移	peak displacement	
01.385	峰值速度	peak velocity	
01.386	峰值加速度	peak acceleration	
01.387	有效峰值速度	effective peak velocity, EPV	
01.388	有效峰值加速度	effective peak acceleration, EPA	
01.389	抗震结构	earthquake—resistant structure	
01.390	消振	shock absorption	
01.391	抗震	earthquake—proof, shock resistant	
01.392	地震预防	earthquake prevention	
01.393	地球物理学	geophysics, physics of the Earth	
01.394	地球	Earth	
01.395	地壳	crust	
01.396	莫霍[洛维契奇]	Mohorovičić discontinuity, M	简称"M 界面"。

序 码	汉文名	英 文 名	注 释
	界面	discontinuity, Moho	
01.397	地幔	mantle	
01.398	上地幔	upper mantle	
01.399	下地幔	lower mantle	
01.400	核-幔边界	core-mantle boundary, CMB	
01.401	核-幔耦合	core-mantle coupling	
01.402	[地球]内核	[Earth's] inner-core	
01.403	[地球]外核	[Earth's] outer-core	
01.404	地壳构造	Earth crust structure, crustal structure	
01.405	岩石层	lithosphere	地质学中称"岩石圈"。
01.406	软流层	asthenosphere	地质学中称"软流圈"。
01.407	[构造]板块	[tectonic] plate	
01.408	大陆板块	continental plate	
01.409	转换断层	transform fault	
01.410	海底扩张	sea floor spreading	
01.411	扩张极	pole of spreading	
01.412	洋脊型地震	ridge-type earthquake	
01.413	消减	subduction	
01.414	消减带	subduction zone, subduction belt	
01.415	俯冲带	underthrust zone, underthrust belt	
01.416	汇聚带	convergence zone, convergence belt	
01.417	发散带	divergence zone, divergence belt	
01.418	洋中脊	mid-ocean ridge	
01.419	低速层	low velocity layer, LVL	
01.420	低速区	low velocity zone, LVZ	
01.421	液核	liquid core	
01.422	剪切熔融	shear melting	
01.423	板间地震	interplate earthquake	
01.424	板内地震	intraplate earthquake	
01.425	地壳均衡[说]	isostasy	
01.426	山根	root of mountain	
01.427	反山根	antiroot	
01.428	大陆分裂	continental splitting	

序 码	汉 文 名	英 文 名	注 释
01.429	大陆漂移	continental drift	
01.430	大陆重建	continental reconstruction	
01.431	钱德勒晃动	Chandler wobble	又称"钱德勒章动"。
01.432	布格校正	Bouguer reduction	
01.433	布朗热改正	Browne correction	
01.434	厄特沃什改正	Eötvös correction	曾用名"厄缶改正"。
01.435	椭率改正	ellipticity correction	
01.436	自由空气异常	free air anomaly	
01.437	均衡异常	isostatic anomaly	
01.438	布格异常	Bouguer anomaly	
01.439	贝尼奥夫带	Benioff zone	
01.440	对流环	convection cell	
01.441	重力	gravity	
01.442	重力加速度	gravity acceleration	
01.443	重力场	gravity field	
01.444	重力测量学	gravimetry	
01.445	重力位	gravity potential	
01.446	大地位	geopotential	
01.447	正常重力位	normal gravity potential	
01.448	扰动位	disturbing potential	
01.449	扰动质量	disturbing mass	
01.450	重力等位面	equipotential surface of gravity	
01.451	大地水准面	geoid	
01.452	共大地水准面	co-geoid	
01.453	重力测量	gravity measurement	
01.454	海洋重力测量	gravity measurement at sea	
01.455	绝对重力测量	absolute gravity measurement	
01.456	相对重力测量	relative gravity measurement	
01.457	重力仪	gravimeter	
01.458	普拉特-海福德均衡	Pratt-Hayford isostasy	
01.459	艾里-海斯卡宁均衡	Airy-Heiskanen isostasy	
01.460	韦宁迈内兹均衡	Vening Meinesz isostasy	
01.461	补偿深度	depth of compensation	
01.462	引潮力	tide-generating force	
01.463	引潮位	tide-generating potential	

序 码	汉 文 名	英 文 名	注 释
01.464	附加位	additional potential	
01.465	平衡潮	equilibrium tide	
01.466	载荷潮	load tide	
01.467	固体潮	[solid] Earth tide	又称"陆潮"。
01.468	志田数	Shida's number	
01.469	勒夫数	Love's number	
01.470	载荷勒夫数	load Love's number	
01.471	潮汐因子	tidal factor	
01.472	垂线偏差	deflection of the vertical	
01.473	微重力测量学	microgravimetry	
01.474	古地磁[学]	palaeomagnetism	
01.475	考古地磁[学]	archaeomagnetism	
01.476	古地磁场	palaeomagnetic field	
01.477	古地磁方向	palaeomagnetic direction	
01.478	古地磁极	palaeomagnetic pole	
01.479	地磁轴	geomagnetic axis	
01.480	虚地磁极	virtual geomagnetic pole, VGP	根据地磁场观测值估算得出的等效地磁极位置。
01.481	地磁坐标	geomagnetic coordinate	
01.482	磁坐标	magnetic coordinate	
01.483	磁余纬	magnetic colatitude	
01.484	极移	polar wander, polar shift	
01.485	视极移	apparent polar wander	
01.486	极移路径	polar-wander path, PWP	
01.487	极移曲线	polar-wander curve	
01.488	视极移路径	apparent polar-wander path, APWP, apparent polar-wander curve	
01.489	古纬度	palaeolatitude	
01.490	古经度	palaeolongitude	
01.491	古地磁赤道	palaeogeomagnetic equator	
01.492	古地磁强度	palaeogeomagnetic intensity	
01.493	太阳罗盘	sun compass	
01.494	走向定向	strike orientation	
01.495	倾向定向	dip orientation	
01.496	磁化率	susceptibility	

序 码	汉 文 名	英 文 名	注 释
01.497	原生磁化[强度]	primary magnetization	
01.498	次生磁化[强度]	secondary magnetization	
01.499	剩余磁化[强度]	remanent magnetization, remanence	
01.500	循环磁化[强度]	cyclic magnetization	
01.501	剩磁年龄	age of remanence	
01.502	化石磁化[强度]	fossil magnetization	
01.503	天然剩磁	natural remanent magnetization; NRM, natural remanence	
01.504	原地剩磁	site remanence	
01.505	原生剩磁	primary remanent magnetization	
01.506	次生剩磁	secondary remanent magnetization	
01.507	再磁化	remagnetization	
01.508	再磁化圆[弧]	remagnetization circle	
01.509	磁叠印	magnetic overprinting	
01.510	压剩磁	piezo−remanent magnetization, PRM, piezo−remanence	
01.511	热剩磁	thermoremanent magnetization, TRM, thermoremanence	
01.512	部分热剩磁	partial thermoremanent magnetization, PTRM	
01.513	总热剩磁	total thermoremanent magnetization	
01.514	化学剩磁	chemical remanent magnetization, CRM	
01.515	结晶剩磁	crystallization remanent magnetization, crystallization remanence	
01.516	沉积剩磁	depositional remanent magnetization, DRM, depositional remanence	
01.517	碎屑剩磁	detrital remanent magnetization, DRM, detrital remanence	
01.518	沉积碎屑剩磁	depositional DRM	
01.519	沉积后碎屑剩磁	post−depositional DRM	
01.520	等温剩磁	isothermal remanent	

序 码	汉 文 名	英 文 名	注 释
		magnetization, IRM	
01.521	粘滞剩磁	viscous remanent magnetization, VRM, viscous remanence	
01.522	无滞剩磁	anhysteretic remanent magnetization, ARM	
01.523	部分无滞剩磁	partial ARM, PARM	
01.524	旋转剩磁	rotational remanence, rotational remanent magnetization, RRM	
01.525	机械剩磁	mechanical remanence	
01.526	布利登指数	Briden index	
01.527	交流退磁	alternating current demagnetization, AC demagnetization	
01.528	磁清洗	magnetic cleaning, magnetic washing	
01.529	交变场清洗	alternating field cleaning, AF cleaning	
01.530	直流[场]清洗	direct current cleaning, DC cleaning	
01.531	化学清洗	chemical cleaning	
01.532	热清洗	thermal cleaning	
01.533	热磁曲线	thermomagnetic curve	
01.534	热磁分离	thermomagnetic separation	
01.535	无磁场空间	[magnetic] field-free space	
01.536	倒转检验	reversal test	
01.537	砾石检验	conglomerate test	
01.538	烘烤接触检验	baked contact test	
01.539	褶皱检验	fold test	
01.540	坍塌检验	slump test	
01.541	磁性地层学	magnetostratigraphy, magnetic stratigraphy	
01.542	地磁年代学	geomagnetic chronology	
01.543	地磁极性反向	geomagnetic polarity reversal	
01.544	自反向	self-reversal	
01.545	场[致]反向	field-reversal	
01.546	地磁极性[反向]年表	time-scale geomagnetic polarity [reversal]	

序 码	汉 文 名	英 文 名	注 释
01.547	极性年代测定	polarity dating	
01.548	正向极性	normal polarity	
01.549	反向极性	reversed polarity	
01.550	中间极性	intermediate polarity	
01.551	磁静带	magnetic quiet zone	
01.552	极性间段	polarity interval	
01.553	格拉姆磁间段	Graham magnetic interval	
01.554	极性期	polarity epoch	
01.555	极性事件	polarity event	
01.556	极性年代	polarity chron	
01.557	极性亚代	polarity subchron	
01.558	极性超代	polarity superchron	
01.559	极性偏向	polarity bias	
01.560	极性序列	polarity sequence	
01.561	极性过渡	polarity transition	
01.562	地磁漂移	geomagnetic excursion	
01.563	布容期	Brunhes epoch	
01.564	松山期	Matuyama epoch	
01.565	高斯期	Gauss epoch	
01.566	吉尔伯特[反极性]期	Gilbert [reversed polarity] epoch	
01.567	拉尚事件	Laschamp event	
01.568	布莱克事件	Blake event	
01.569	哈拉米略事件	Jalamillo event	
01.570	吉尔绍事件	Gilsa event	
01.571	奥杜瓦伊事件	Olduvai event	
01.572	留尼旺事件	Reunion event	
01.573	卡埃纳事件	Kaena event	
01.574	马默思事件	Mammoth event	
01.575	科奇蒂事件	Cochiti event	
01.576	努尼瓦克事件	Nunivak event	
01.577	西杜杰尔事件	Sidutjall event	
01.578	斯韦劳事件	Thvera event	
01.579	基亚曼间段	Kiaman interval	
01.580	默坎顿[磁]间段	Mercanton [magnetic] interval	
01.581	帕特森反向	Paterson reversal	
01.582	伊勒瓦拉反向	Illawarra reversal	

序 码	汉 文 名	英 文 名	注 释
01.583	拉尚漂移	Laschamp excursion	
01.584	布莱克漂移	Blake excursion	
01.585	布尔诺漂移	Brno excursion	
01.586	莫诺湖漂移	Mono Lake excursion	
01.587	蒙戈湖漂移	Mungo Lake excursion	
01.588	泽德费尔德图	Zijderveld diagram	
01.589	层面改正	bedding correction	
01.590	倾斜改正	tilt correction	
01.591	采点内精度	within−sites precision	
01.592	采点间精度	between−sites precision	
01.593	K[精度]参数	K [precision] parameter	
01.594	建造平均方向	formation mean direction	
01.595	岩石磁性	rock magnetism	
01.596	单畴颗粒	single domain particle	
01.597	多畴颗粒	multidomain grain	
01.598	多畴热剩磁	multidomain thermal remanence	
01.599	层状畴	lamellar domain	
01.600	碎屑磁颗粒	detrital magnetic particle	
01.601	阻挡温度	blocking temperature	
01.602	阻挡直径	blocking diameter	
01.603	阻挡时间	blocking time	
01.604	阻挡体积	blocking volume	
01.605	解阻温度	unblocking temperature	
01.606	解阻场	unblocking field	
01.607	磁晶各向异性	magnetocrystalline anisotropy	
01.608	磁组构	magnetic fabric	
01.609	视磁化率	apparent magnetic susceptibility	
01.610	地热学	geothermics	
01.611	古地热学	palaeogeothermics	
01.612	地热	geoheat	
01.613	地热现象	geothermal phenomenon	
01.614	地热活动	geothermal activity	
01.615	地热异常	geothermal anomaly	
01.616	地热异常区	geothermally−anomalous area	
01.617	等地温面	geoisotherm, geotherm, isogeotherm	
01.618	地温梯度	geothermal gradient	

序 码	汉文名	英 文 名	注 释
01.619	热流	heat flow	
01.620	传导热流	conductive heat flow	
01.621	对流热流	convective heat flow	
01.622	大地热流	terrestrial heat flow	
01.623	地表热流	surface heat flow	
01.624	地幔热流	mantle heat flow	
01.625	折合热流量	reduced heat flow	
01.626	热流区	heat flow province	
01.627	热流亚区	heat flow subprovince	
01.628	热流单位	heat flow unit, HFU	
01.629	生热率单位	heat generation unit	
01.630	热点	hot spot	
01.631	热焰	hot plume	
01.632	冷焰	cold plume	
01.633	地幔焰	mantle plume	地质学中称"地幔柱"。
01.634	地幔对流环	mantle convection cell	
01.635	岩浆环流	magmatic circulation	
01.636	岩浆房	magmatic chamber, magmatic pocket	
01.637	流变性侵入体	rheological intrusion	
01.638	全球性地热带	planet-wide geothermal belt	
01.639	消减型地热带	subduction-type geothermal belt	
01.640	岛弧地热带	island arc geothermal zone	
01.641	板间地热带	interplate geothermal belt	
01.642	汇聚型地热带	convergent-type geothermal belt	
01.643	造山地热带	orogenic geothermal belt	
01.644	板内火山	intraplate volcano	
01.645	板内地热系统	intraplate geothermal system	
01.646	地表地热显示	surface geothermal manifestation	
01.647	间歇泉	geyser, intermittent spring	
01.648	间歇泉区	geyserland	
01.649	水热喷发	hydrothermal eruption	
01.650	水热爆炸	hydrothermal explosion	
01.651	喷气孔	fumarole	
01.652	洋底喷气孔	submarine fumarole	
01.653	冒汽地面	steaming ground, fumarolic field	

序 码	汉 文 名	英 文 名	注 释
01.654	沸泉	boiling spring	
01.655	沸泥塘	boiling mud pool	
01.656	汽孔	steam vent	
01.657	硫质气孔	solfatara	
01.658	硫化氢气孔	putizze	
01.659	碳酸气孔	mofette	
01.660	洋底热泉	submarine hot spring	
01.661	凉泉	cool spring	
01.662	冷泉	cold spring	
01.663	泥泉	mud spring	
01.664	碳酸泉	carbonated spring	
01.665	水热蚀变	hydrothermal alteration	
01.666	水热矿化	hydrothermal mineralization	
01.667	原生气体	juvenile gas	
01.668	原生水	juvenile water, connate water	
01.669	深成水	plutonic water	
01.670	火山水	volcanic water	
01.671	岩浆水	magmatic water	
01.672	超变质水	ultrametamorphic water	
01.673	变质水	metamorphic water	
01.674	雨水	meteoric water	又称"大气水"。
01.675	古水	fossil water	
01.676	内生蒸汽	endogenous steam	
01.677	地热能	geothermal energy	
01.678	地热资源	geothermal resources	
01.679	地热流体	geothermal fluid, geofluid	
01.680	水热活动	hydrothermal activity	
01.681	水热循环	hydrothermal circulation	
01.682	水热对流系统	hydrothermal convection system	
01.683	水热系统	hydrothermal system	
01.684	水热区	hydrothermal area	
01.685	水热资源	hydrothermal resources	
01.686	地热田	geothermal field	
01.687	水热田	hydrothermal field	
01.688	地热系统	geothermal system	
01.689	古地热系统	fossil geothermal system, ancient geothermal system	

序 码	汉 文 名	英 文 名	注 释
01.690	地热水库	geothermal reservoir	
01.691	干热岩体	hot dry rock	
01.692	火山地热区	volcano-geothermal region	
01.693	非火山地热区	nonvolcanic geothermal region	
01.694	地球温度计	geothermometer	
01.695	化学地球温度计	chemical geothermometer	
01.696	同位素地球温度计	isotopic geothermometer	
01.697	构造物理学	tectonophysics	
01.698	地球动力学	geodynamics	
01.699	板块[大地]构造学	plate tectonics	
01.700	板块碰撞	plate collision	
01.701	大陆拼合	continental fitting	
01.702	地幔对流	mantle convection	
01.703	大陆扩张	continental spreading	
01.704	扩张[速]率	spreading rate	
01.705	康拉德界面	Conrad discontinuity, Conrad interface	
01.706	岩爆	rock burst	
01.707	原地测量	*in-situ* measurement	
01.708	原地应力	*in-situ* stress	
01.709	劲度	stiffness	
01.710	应力迹线	stress trajectory	
01.711	蠕变	creep	又称"蠕滑"。
01.712	暂态蠕变	transient creep	
01.713	稳态蠕变	steady state creep	
01.714	第三期蠕变	tertiary creep	
01.715	幂次律蠕变	power-law creep	
01.716	水压致裂	hydrofracturing	
01.717	压磁效应	piezo-magnetic effect	
01.718	币形裂纹	penny-shaped crack	
01.719	钻孔应变计	borehole strainmeter	
01.720	钻孔形变计	borehole deformation gauge	
01.721	盖层压力	overburden pressure	
01.722	套芯钻	overcoring	
01.723	应力解除	stress relief	

序码	汉文名	英文名	注释
01.724	超压	overpressure	
01.725	应变积累	strain accumulation	
01.726	初始应力	initial stress, virgin stress	
01.727	破坏准则	failure criterion	
01.728	钻孔应力计	borehole stressmeter	
01.729	粘滑	stick slip	
01.730	测震学	seismometry	
01.731	验震器	seismoscope	
01.732	地震计	seismometer	
01.733	地震仪	seismograph	
01.734	电磁式地震仪	electromagnetic seismograph	
01.735	强震仪	strong-motion seismograph	
01.736	微震仪	microvibrograph	
01.737	月震仪	moon seismograph	
01.738	海底地震仪	submarine seismograph, ocean-bottom seismograph	
01.739	米尔恩-萧地震仪	Milne-Shaw seismograph	
01.740	贝尼奥夫地震仪	Benioff seismograph	
01.741	加利津地震仪	Galitzin seismograph	
01.742	玻什-大森地震仪	Bosch-Omori seismograph	
01.743	普雷斯-尤因地震仪	Press-Ewing seismograph	
01.744	维歇特地震仪	Wiechert seismograph	
01.745	威尔莫地震仪	Willmore seismograph	
01.746	伍德-安德森地震仪	Wood-Anderson seismograph	
01.747	加速度计	accelerometer	
01.748	加速度仪	accelerograph	
01.749	折合摆长	reduced pendulum length	
01.750	静态机械放大倍数	statical mechanical magnification	
01.751	动态机械放大倍数	dynamical mechanical magnification	
01.752	动态范围	dynamic range	
01.753	蠕变仪	creepmeter	

序 码	汉 文 名	英 文 名	注 释
01.754	应变仪	strainmeter	
01.755	应力仪	stressmeter	
01.756	倾斜仪	tiltmeter	
01.757	伸长仪	extensometer	
01.758	膨胀仪	dilatometer	
01.759	地震台	seismic station	又称"地震站"。
01.760	基准台	standard station	
01.761	地震台网	seismic network	
01.762	遥测地震台网	telemetered seismic network	
01.763	[地震]台阵	[seismic] array	
01.764	格拉芬堡台阵	Graefenberg array	
01.765	大孔径地震台阵	large—aperture seismic array, LASA	
01.766	台湾强地动一号台阵	Strong Motion Array in Taiwan Number 1, SMART 1	
01.767	国际地球物理年	International Geophysical Year, IGY	
01.768	国际地震中心	International Seismological Center, ISC	
01.769	国际地震汇编	International Seismological Summary, ISS	
01.770	初定震中	Preliminary Determination of Epicenter, PDE	
01.771	地震研究观测台	Seismic Research Observatory, SRO	
01.772	世界范围标准地震台网	World Wide Standard Seismo—graph Network, WWSSN	
01.773	数字化世界标准地震台网	Digital World Wide Standard Seismograph Network, DWWSSN	
01.774	全球数字地震台网	Global Digital Seismograph Network, GDSN	
01.775	国际加速度计部署台网	International Deployment of Accelerometers Network, IDA Network	又称"埃达台网"。
01.776	大震速报台网	Large Earthquake Prompt Report Network	

序 码	汉 文 名	英 文 名	注 释
01.777	熏烟纸记录图	smoked paper record	
01.778	地震触发器	seismic trigger	
01.779	零长弹簧	zero−initial−length spring	
01.780	措尔纳悬挂法	Zöllner suspension	
01.781	"花园门"悬挂法	"garden gate" suspension	
01.782	拉科斯特悬挂法	LaCoste suspension	

02. 空 间 物 理 学

序 码	汉 文 名	英 文 名	注 释
02.001	空间物理学	space physics	
02.002	对流层	troposphere	
02.003	对流层顶	tropopause	
02.004	平流层	stratosphere	
02.005	平流层顶	stratopause	
02.006	中间层	mesosphere	
02.007	中间层顶	mesopause	
02.008	热层	thermosphere	
02.009	热层顶	thermopause	
02.010	逸散层	exosphere	
02.011	逸散层底	exobase	
02.012	均匀层	homosphere	
02.013	均匀层顶	homopause	
02.014	非均匀层	heterosphere	
02.015	钠层	sodium layer	
02.016	化学层	chemosphere	
02.017	化学层顶	chemopause	
02.018	臭氧层	ozonosphere	
02.019	臭氧层顶	ozonopause	
02.020	中性层	neutrosphere	
02.021	中性层顶	neutropause	
02.022	电离层	ionosphere	
02.023	电离层顶	ionopause	
02.024	等离子体层	plasmasphere	
02.025	等离子体层顶	plasmapause	

序 码	汉 文 名	英 文 名	注 释
02.026	质子层	protonosphere	
02.027	磁层	magnetosphere	
02.028	磁层顶	magnetopause	
02.029	日球层	heliosphere	
02.030	高层大气	upper atmosphere	
02.031	中层大气	middle atmosphere	
02.032	低层大气	lower atmosphere	
02.033	逆温层	inversion layer	
02.034	湍流层	turbosphere	
02.035	湍流层顶	turbopause	
02.036	气压层	barosphere	
02.037	气压层顶	baropause	
02.038	大气光学厚度	atmosphere optical thickness	
02.039	大气标高	atmosphere scale height	
02.040	大气吸收	atmospheric absorption	
02.041	大气边界	atmospheric boundary	
02.042	大气制动	atmospheric braking	
02.043	大气消光	atmospheric extinction	
02.044	大气模式	atmospheric model	
02.045	大气不透明度	atmospheric opacity	
02.046	大气振荡	atmospheric oscillation	
02.047	大气参数	atmospheric parameter	
02.048	大气辐射	atmospheric radiation	
02.049	大气折射	atmospheric refraction	
02.050	大气结构	atmospheric structure	
02.051	大气涡度	atmospheric vorticity	
02.052	大气窗	atmospheric window	
02.053	有效大气透射	effective atmospheric transmission	
02.054	频散波	dispersion wave	物理学中称"色散波"。
02.055	全球环流	global circulation	
02.056	全球风系	global wind system	
02.057	梯度风	gradient wind	
02.058	引力潮	gravitational tide	
02.059	热量收支	heat budget	
02.060	热壑	heat sink	
02.061	热源	heat source	

序码	汉文名	英文名	注释
02.062	国际参考大气	international reference atmosphere	
02.063	等压线	isopiestics	
02.064	等温层	isothermal layer	
02.065	流星雷达	meteor radar	
02.066	流星余迹	meteor trail	
02.067	夜光云	noctilucent cloud	
02.068	夜间辐射	nocturnal radiation	
02.069	光致脱离	photodetachment	
02.070	光致离解	photodissociation	
02.071	光致电离	photoionization	
02.072	光致激发	photo-excitation	
02.073	光致复合	photo-recombination	
02.074	国际参考地磁场	international geomagnetic reference field	
02.075	国际参考电离层	international reference ionosphere	
02.076	辐射收支	radiation budget	
02.077	辐射冷却	radiation cooling	
02.078	辐射传输	radiative transfer	
02.079	复合辐射	recombination radiation	
02.080	探空气球	sounding balloon	
02.081	探空火箭	sounding rocket	
02.082	大气潮汐	atmospheric tide	
02.083	潮汐运动	tidal motion	
02.084	潮汐振荡	tidal oscillation	
02.085	潮汐波	tidal wave	
02.086	太阴潮	lunar tide	
02.087	太阳潮	solar tide	
02.088	湍流	turbulence	
02.089	湍流谱	spectrum of turbulence	
02.090	湍流扩散	turbulent diffusion	
02.091	湍流耗散	turbulent dissipation	
02.092	湍流交换	turbulent exchange	
02.093	湍流混合	turbulent mixing	
02.094	曙暮光	twilight	
02.095	风切变	wind shear	
02.096	产额函数	yield function	

序　码	汉　文　名	英　文　名	注　　释
02.097	纬向环流	zonal circulation	
02.098	纬向风	zonal wind	
02.099	气辉	airglow	
02.100	MST 雷达	MST radar	对流层、平流层、中层大气探测雷达。
02.101	高空大气学	aeronomy	
02.102	偏移吸收	deviative absorption	
02.103	非偏移吸收	non−deviative absorption	
02.104	磁暴后效	after−effect of [magnetic] storm	
02.105	查普曼层	Chapman layer	
02.106	阿普尔顿异常	Appleton anomaly	
02.107	赤道异常	equatorial anomaly	
02.108	冬季异常	winter anomaly	
02.109	磁离子理论	magneto−ionic theory	
02.110	浮力频率	buoyancy frequency	
02.111	D 区	D − region	
02.112	E 区	E − region	
02.113	F 区	F − region	
02.114	F1 层	F1 layer	
02.115	F1 缘	F1 ledge	
02.116	F2 层	F2 layer	
02.117	查普曼生成函数	Chapman production function	
02.118	柯林电导率	Cowling conductivity	
02.119	彼得森电导率	Pederson conductivity	
02.120	霍尔电导率	Hall conductivity	
02.121	直接电导率	direct conductivity	
02.122	宇宙射电噪声	cosmic radio noise	
02.123	宇宙噪声吸收仪	riometer	
02.124	临界频率	critical frequency	
02.125	离解性复合	dissociative recombination	
02.126	发电机区	dynamo region	
02.127	消散波	evanescent wave	
02.128	衰落	fade	
02.129	[短波通讯]中断	fadeout, blackout	
02.130	寻常波	ordinary wave	
02.131	非寻常波	extraordinary wave	
02.132	法拉第旋转	Faraday rotation	

序码	汉文名	英文名	注释
02.133	场向不规则结构	field-aligned irregularity	
02.134	哈朗间断	Harang discontinuity	
02.135	阻抗探针	impedance probe	
02.136	非相干散射雷达	incoherent scattering radar	
02.137	电离层暴	ionospheric storm	
02.138	电离层测高仪	ionosonde	
02.139	虚高	virtual height	
02.140	真高	true height	
02.141	数字式测高仪	digisonde	
02.142	电离图	ionogram	
02.143	极盖吸收	polar cap absorption, PCA	
02.144	突发电离层骚扰	sudden ionospheric disturbance, SID	
02.145	扩展 F	spread F	
02.146	散见 E 层	sporadic E	
02.147	顶视探测仪	top-side sounder	
02.148	底视探测仪	bottom-side sounder	
02.149	电离层行扰	travelling ionospheric disturbance, TID	
02.150	短波突然衰落	short wave fadeout, SWF	
02.151	[短波]频率急偏	sudden frequency deviation, SFD	
02.152	突发相位异常	sudden phase anomaly, SPA	
02.153	特征波	characteristic wave	
02.154	交叉调制	cross-modulation	
02.155	电子总含量	total electron content, TEC	
02.156	双极扩散	ambipolar diffusion	
02.157	[日]食效应	eclipse effect	
02.158	跳距	skip distance	
02.159	外层空间	outer space	
02.160	行星际空间	interplanetary space	
02.161	[恒]星际空间	interstellar space	
02.162	深空	deep space	
02.163	空间物理	space physics	
02.164	日地空间	solar-terrestrial space	
02.165	日地物理学	solar-terrestrial physics	
02.166	一跳传播	one-hop propagation	
02.167	准横传播	quasi-transverse propagation	

序 码	汉 文 名	英 文 名	注 释
02.168	准纵传播	quasi-longitudinal propagation	
02.169	最大可用频率	maximum usable frequency, MUF	
02.170	地磁[学]	geomagnetism	
02.171	主磁场	main field	
02.172	磁倾角	inclination, dip angle	
02.173	磁偏角	declination	
02.174	零偏线	agonic line	
02.175	零倾线	aclinic line	
02.176	等磁倾线	magnetic isoclinic line	
02.177	磁图	magnetic chart	
02.178	等磁图	isomagnetic chart	
02.179	等磁强线	isomagnetic line	
02.180	等年变线	isoporic line, isopore	
02.181	等磁异常线	magnetic isoanomalous line	
02.182	地磁极	geomagnetic pole	
02.183	磁倾极	dip pole	
02.184	磁地方时	magnetic local time	
02.185	磁偶极时	magnetic dipole time	
02.186	中心偶极子	central dipole	
02.187	偶极子坐标	dipole coordinate	
02.188	修正地磁坐标	corrected geomagnetic coordinate	
02.189	磁北极	north magnetic pole	
02.190	磁南极	south magnetic pole	
02.191	不变纬度	invariant latitude	
02.192	倾角赤道	dip equator	
02.193	偏心偶极子	eccentric dipole	
02.194	磁照图	magnetogram	
02.195	磁静日	magnetically quiet day, q	
02.196	磁扰日	magnetically disturbed day, d	
02.197	长期变化	secular variation	
02.198	太阳日变化	solar daily variation, S	
02.199	扰日日变化	disturbed daily variation, S_d	
02.200	暴时变化	storm-time variation, Dst	
02.201	磁扰	magnetic disturbance	
02.202	磁湾扰	magnetic bay	
02.203	磁钩扰	magnetic crochet	

序 码	汉文名	英 文 名	注 释
02.204	磁暴	magnetic storm	
02.205	缓始磁暴	gradual commencement [magnetic] storm	
02.206	急始磁暴	sudden commencement [magnetic] storm	
02.207	急始	sudden commencement	
02.208	初相	initial phase	
02.209	主相	main phase	
02.210	恢复相	recovery phase	
02.211	磁亚暴	magnetic substorm	
02.212	膨胀相	expansive phase	
02.213	等效电流系	equivalent current system	
02.214	内源场	internal field	
02.215	外源场	external field	
02.216	极光	aurora	
02.217	南极光	aurora australis	
02.218	北极光	aurora borealis	
02.219	极光卵形环	auroral oval	
02.220	极光带	auroral belt	
02.221	亚极光带	subauroral zone	
02.222	阿尔文层	Alfvén layer	
02.223	极隙	cleft, cusp	
02.224	假捕获粒子	pseudo-trapped particle	
02.225	辐射带	radiation belt, Van Allen belt	又称"范艾伦带"。
02.226	磁鞘	magnetosheath	
02.227	磁尾	magnetotail	
02.228	等离子体幔	plasma mantle	
02.229	等离子体片	plasmasheet	
02.230	行星际磁场	interplanetary magnetic field, IMF	
02.231	日球层电流片	heliospheric current sheet	
02.232	全天空照相机	all-sky camera	
02.233	[磁]脉动	[magnetic] pulsation	
02.234	微脉动	micropulsation	
02.235	哨声	whistler	
02.236	鼻哨	nose whistler	
02.237	合声	chorus	

序码	汉文名	英文名	注释
02.238	嘶声	hiss	
02.239	吱声	tweak	
02.240	导管	duct	
02.241	导管传播	ducted propagation	
02.242	极光千米波辐射	auroral kilometric radiation, AKR	
02.243	倒 V 事件	inverted-V event	
02.244	极风	polar wind	
02.245	环电流	ring current	
02.246	场向电流	field-aligned current	
02.247	伯克兰电流	Birkeland current	
02.248	磁层暴	magnetospheric storm	
02.249	晨昏电场	dawn-dusk electric field	
02.250	大气簇射	air shower	
02.251	广延相干簇射	extensive coherent shower	
02.252	俄歇簇射	Auger shower	
02.253	级联簇射	cascade shower	
02.254	爆发簇射	explosive shower	
02.255	渐近纬度	asymptotic latitude	
02.256	渐近经度	asymptotic longitude	
02.257	磁刚度	magnetic rigidity	
02.258	截止刚度	cut-off rigidity	
02.259	宇宙线膝	cosmic-ray knee	
02.260	宇宙线赤道	cosmic-ray equator	
02.261	宇宙背景辐射	cosmic background radiation	
02.262	太阳宇宙线	solar cosmic ray	
02.263	银河宇宙线	galactic cosmic ray	
02.264	宇宙线暴	cosmic ray storm	
02.265	福布什下降	Forbush decrease	
02.266	宇宙线集流	cosmic ray jet	
02.267	质子耀斑	proton flare	
02.268	反照中子	albedo neutron	
02.269	反照电子	albedo electron	
02.270	介子望远镜	meson telescope	
02.271	太阳质子事件	solar proton event	
02.272	太阳电子事件	solar electron event	
02.273	宇宙线丰度	cosmic ray abundance	
02.274	斯特默锥	Störmer cone	

序　码	汉 文 名	英　文　名	注　　释
02.275	斯特默长度	Störmer length	
02.276	太阳风	solar wind	
02.277	太阳微粒发射	solar corpuscular emission	
02.278	微粒食	corpuscular eclipse	
02.279	扇形结构	sector structure	
02.280	扇形边界	sector boundary	
02.281	背阳扇区	away sector	
02.282	向阳扇区	toward sector	
02.283	行星际尘埃	interplanetary dust	
02.284	行星际间断	interplanetary discontinuity	
02.285	行星际闪烁	interplanetary scintillation	
02.286	行星际激波	interplanetary shock	
02.287	对日照	Gegenschein (德)	
02.288	冕流	coronal streamer	又称"冕旒"。
02.289	地冕	geocorona	
02.290	地磁指数	geomagnetic index	
02.291	磁情记数	magnetic character figure	
02.292	C 指数	C index	
02.293	国际磁情记数	international magnetic character figure	
02.294	Ci 指数	Ci index	
02.295	C9 指数	C9 index	
02.296	变幅指数	range index	
02.297	K 指数	K index	
02.298	Kp 指数	Kp index	
02.299	Ap 指数	Ap index	
02.300	AE 指数	auroral electrojet index, AE index	
02.301	Dst 指数	Dst index	
02.302	磁变仪	variometer	
02.303	地磁测量	geomagnetic survey	简称"磁测"。
02.304	电集流	electrojet	
02.305	极光带电集流	auroral electrojet	
02.306	赤道电集流	equatorial electrojet	

03. 应用地球物理学

序 码	汉文名	英 文 名	注 释
03.001	应用地球物理[学]	applied geophysics	
03.002	勘探地球物理[学]	exploration geophysics	
03.003	地球物理勘探	geophysical exploration, geophysical prospecting	简称"物探"。
03.004	综合物探系统	integrated geophysical system	
03.005	重力勘探	gravity prospecting	
03.006	磁法勘探	magnetic prospecting	
03.007	电法勘探	electrical prospecting	
03.008	地震勘探	seismic prospecting	
03.009	放射性勘探	radioactivity prospecting	
03.010	地热勘探	geothermal prospecting	
03.011	重力调查	gravity survey	
03.012	磁法调查	magnetic survey	
03.013	电法调查	electrical survey	
03.014	地震调查	seismic survey	
03.015	放射性调查	radioactivity survey	
03.016	地热调查	geothermal survey	
03.017	地球物理测井	geophysical well-logging	
03.018	主动源[方]法	active source method	
03.019	被动源[方]法	passive source method	
03.020	地球物理异常	geophysical anomaly	
03.021	矿异常	ore anomaly	
03.022	非矿异常	non-ore anomaly	
03.023	局部异常	local anomaly	
03.024	区域异常	regional anomaly	
03.025	正异常	positive anomaly	
03.026	负异常	negative anomaly	
03.027	地形[影响]校正	terrain correction, topographic correction	
03.028	地面查证	ground follow-up	
03.029	测点	survey station	
03.030	测线	survey line, profile	

序码	汉文名	英文名	注释
03.031	测网	survey grid, network	
03.032	基点	base station	
03.033	基准点	fiducial point	
03.034	等值线	contour line	
03.035	等值线图	contour map	
03.036	剖面	profile	
03.037	断面	section	
03.038	剖面图	profile map	
03.039	断面图	section map	
03.040	叠加剖面图	stacked profiles map	
03.041	数据采集	data aquisition	
03.042	数据处理	data processing	
03.043	数据解释	data interpretation	又称"资料解释"。
03.044	位场延拓	continuation of potential field	
03.045	航迹恢复	flight-path recovery	
03.046	重力梯度测量	gravity gradient survey	
03.047	航空重力测量	aerial gravity measurement, airborne gravity measurement	
03.048	剩余重力异常	residual gravity anomaly	
03.049	重力高	gravity high, gravity maximum	
03.050	重力低	gravity low, gravity minimum	
03.051	重力梯度带	gravity gradient zone	
03.052	归一化重力总梯度	normalized total gravity gradient	
03.053	纬度校正	latitude correction	
03.054	重力仪零漂改正	gravimeter drift correction	
03.055	航空重力仪	airborne gravimeter	
03.056	船载重力仪	shipboard gravimeter	
03.057	海洋重力仪	sea gravimeter	
03.058	超导重力仪	superconductive gravimeter	
03.059	助动重力仪	astatic gravimeter	
03.060	绝对重力仪	absolute gravimeter	
03.061	重力梯度仪	gravity gradiometer	
03.062	总磁异常强度	total intensity of magnetic anomaly	
03.063	质子旋进磁力仪	proton-precession magnetometer	
03.064	双重核共振磁力	double nuclear resonance	

序　码	汉 文 名	英 文 名	注　释
	仪	magnetometer, Overhauser magnetometer	
03.065	磁通门磁力仪	flux—gate magnetometer	
03.066	光泵磁力仪	optical pump magnetometer	
03.067	超导磁力仪	superconductive magnetometer, SQUID magnetometer	
03.068	磁力梯度仪	magnetic gradiometer	
03.069	无定向磁强计	astatic magnetometer	
03.070	旋转磁强计	spinner magnetometer	
03.071	混合改正	complex correction	
03.072	磁化率计	magnetic susceptibility meter	
03.073	磁极归化	reduced to the magnetic pole	
03.074	磁源重力异常	gravity anomaly due to magnetic body, pseudogravity anomaly	
03.075	人工磁化法	artificial magnetization method	
03.076	航空磁测	aeromagnetic survey	
03.077	基线飞行	base—line flying	
03.078	电阻率法	resistivity method	
03.079	视电阻率	apparent resistivity	
03.080	供电电极	current electrode	
03.081	测量电极	potential electrode	
03.082	电极排列	electrode array	
03.083	温纳排列	Wenner array	
03.084	施伦伯格[电极]排列	Schlumberger [electrode] array	
03.085	三极排列	pole—dipole array	
03.086	偶极排列	dipole electrode array, dipole—dipole array	
03.087	排列系数	array factor	
03.088	电阻率剖面法	resistivity profiling	
03.089	联合剖面法	composite profiling method	
03.090	对称剖面法	symmetrical profiling	
03.091	中间梯度法	central gradient array method	
03.092	偶极排列法	dipole—dipole array method	
03.093	电测深	electrical sounding	
03.094	对称四极测深	symmetrical four—pole sounding	
03.095	偶极测深	dipole electrode sounding	

序 码	汉 文 名	英 文 名	注 释
03.096	环形测深	loop-shaped sounding	
03.097	纵向电导	longitudinal conductance, S	
03.098	地电断面	geoelectric cross section	
03.099	拟断面图	pseudosection map	
03.100	充电法	'mise-a-la-masse' method, excitation-at-the-mass method	
03.101	自然电位法	self-potential method	
03.102	磁充电法	magnetic charging method	
03.103	激发极化法	induced polarization method, IP method	
03.104	激发极化测深	sounding of induced polarization	
03.105	变频法	variable-frequency method	
03.106	频谱激发极化法	spectral induced polarization method	
03.107	相位激发极化法	phase induced polarization method	
03.108	接触激发极化法	contact induced polarization method	
03.109	百分频率效应	percent frequency effect	
03.110	磁激发极化法	magnetic induced polarization method, MIP method	
03.111	复电阻率法	complex resistivity method	
03.112	电磁法	electromagnetic method	
03.113	电磁感应法	electromagnetic induction method	
03.114	闭合回线场	closed loop field	
03.115	水平回线法	horizontal loop method, HLEM	
03.116	虚实分量法	imaginary-real component method	
03.117	多频振幅相位法	multiple frequency amplitude-phase method, Turam method	又称"土拉姆法"。
03.118	瞬变场法	transiet field method	又称"过渡场法"。
03.119	感应脉冲瞬变法	induced pulse transient method, INPUT method	又称"因普特法"。
03.120	频率测深法	frequency sounding method	
03.121	大地电流法	telluric [current] method	
03.122	磁大地电流法	magnetotelluric method	

序 码	汉 文 名	英 文 名	注 释
03.123	地质雷达	geological radar	
03.124	定源场	fixed source field	
03.125	定源法	fixed source method	
03.126	动源法	moving source method	
03.127	航空电磁法	airborne electromagnetic method, AEM method	
03.128	航空电磁系统	airborne electromagnetic system, AEM system	
03.129	硬架系统	rigid frame system, rigid boom system	
03.130	吊舱系统	towed bird system	
03.131	翼梢系统	wing-tip system	
03.132	尾刺系统	tail stinger system	
03.133	拖架	towed boom	
03.134	垂直共面线圈系统	vertical coplanar coils system	
03.135	垂直同轴线圈系统	vertical coaxial coils system	
03.136	甚低频带辐射场系统	very low frequency band radiated field system	
03.137	甚低频法	very low frequency method, VLF method	
03.138	无线电相位法	radio-phase method	
03.139	[天然]音频磁场法	audio frequency magnetic field method, AFMAG	
03.140	人工震源	artificial seismic source	
03.141	爆炸震源	explosive source	
03.142	导炸索	explosive cord	
03.143	非炸药震源	non-explosive source	
03.144	电磁脉冲震源	electromagnetic vibration exciter	
03.145	气爆震源	gas exploder	
03.146	空气枪[震源]	air gun	
03.147	可控震源	controlled source	
03.148	盲区	blind zone	
03.149	折射波对比法	refraction correlation method	
03.150	深地震测深	deep seismic sounding	
03.151	有效波	effective wave	

序 码	汉 文 名	英 文 名	注 释
03.152	时距曲线	time−distance curve, T−X curve, hodograph	
03.153	时距曲面	surface hodograph	
03.154	阻抗界面	impedance interface	
03.155	地震子波	seismic wavelet	
03.156	时差	moveout, stepout	
03.157	静校正	static correction, statics	
03.158	动校正	normal moveout correction, NMO correction	正常时差校正。
03.159	炮检距	shot−geophone distance, offset	
03.160	偏移距	offset	
03.161	时间剖面	time [record] section	
03.162	地震层位	seismic horizon	
03.163	地震标准层	seismic marker horizon, key bed	
03.164	深度剖面	depth [record] section	
03.165	[地震]检波器	geophone	
03.166	地震道	seismic channel	
03.167	监视记录	monitor record	
03.168	爆炸信号	time break	
03.169	井口时间	uphole time	
03.170	海洋地震拖缆	streamer	
03.171	浅海海底电缆	bay cable	
03.172	互换点	interlocking point	
03.173	连结点	tie point	
03.174	[检波器]排列	spread	
03.175	观测系统	layout, recording geometry	
03.176	鸣震	ringing	
03.177	侧击波	side swipe	
03.178	海底波	water bottom event	
03.179	回转波	reverse branch	
03.180	组合源	source array	
03.181	组合检波	geophone array	
03.182	混波器	mixer	
03.183	多次覆盖	multiple coverage	
03.184	共深度点叠加	common−depth−point stacking, CDP stacking	
03.185	共中心点叠加	common mid−point stacking	

序 码	汉 文 名	英 文 名	注 释
03.186	垂直叠加	vertical stacking	
03.187	消减[噪声]	mute	
03.188	[地震勘探]道内 动平衡	dynamic equalization	
03.189	道间均衡	trace equalization	
03.190	相干加强	coherence emphasis	
03.191	时变滤波	time−variable filtering	
03.192	速度滤波	velocity filtering	
03.193	叠加速度	stacking velocity	
03.194	偏移	migration	
03.195	偏移速度分析	migration velocity analysis	
03.196	地震构造图	seismic structural map	
03.197	波动方程偏移	wave equation migration	
03.198	三维地震法	3−D seismic method	
03.199	宽线剖面	wide line profile	
03.200	[地震勘探]亮点	bright spot	
03.201	[地震勘探]暗点	dim spot	
03.202	[地震勘探]平点	flat spot	
03.203	相对振幅保持	relative amplitude preserve	
03.204	烃类检测	hydrocarbon indicator, HCI	
03.205	升频扫描	up sweep	
03.206	降频扫描	down sweep	
03.207	非线性扫描	non−linear sweep	
03.208	花样叠加	diversity stack	
03.209	实时相关	real time correlation	
03.210	地震相[勘探]	seismic facies	
03.211	多路编排	multiplex	
03.212	多道地震仪	multichannel seismic instrument	
03.213	遥测地震仪	telemetric seismic instrument	
03.214	地震数据预处理	seismic data preprocessing	
03.215	多路解编	demultiplex	
03.216	球面发散补偿	spherical divergence compensation	
03.217	基准面静校正	datum static correction	
03.218	炮点静校正	shoot statics	
03.219	接收点静校正	receiver statics	
03.220	时变比例	time variant scaling	

序 码	汉文名	英 文 名	注 释
03.221	有限差分偏移	finite difference migration	
03.222	基尔霍夫积分偏移	Kirchhoff integration migration	
03.223	频率波数偏移	frequency-wavenumber migration, F-W migration	
03.224	子波处理	wavelet processing	
03.225	脉冲反褶积	spike deconvolution	
03.226	预测反褶积	predictive deconvolution	
03.227	伯格反褶积	Burg deconvolution	
03.228	同态反褶积	homomorphic deconvolution	
03.229	振幅包络	amplitude envelope	
03.230	加权叠加	weighted stack	
03.231	自适应叠加	adaptive stack	
03.232	相干叠加	coherence stack	
03.233	倾斜叠加	slant stack	
03.234	延时组合	beam steering	
03.235	深度偏移	depth migration	
03.236	叠前偏移	prestack migration	
03.237	叠后偏移	post stack migration	
03.238	级联偏移	cascade migration	
03.239	倾斜时差校正	dip move-out, DMO	
03.240	时深转换	time depth conversion	
03.241	三维偏移	3-D migration	
03.242	三维数据体	3-D data volume	
03.243	测线束法	swath	
03.244	主测线	inline	
03.245	联络测线	crossline	
03.246	扩展地震剖面法	extended seismic profiling, ESP	
03.247	广角共深度点	wide angle common depth point, WACDP	
03.248	时间切片	time slice	
03.249	地下网格	subsurface grid	
03.250	共深度点网格	common depth point grid, CDP grid	
03.251	全方位检波器组合	omnidirectional geophone pattern	
03.252	三维显示	3-D display	

序码	汉文名	英文名	注释
03.253	网格单元	grid cell [bin]	
03.254	偏移速度	migration velocity	
03.255	等值线图偏移	contour map migration	
03.256	角视立体图	corner cube display	
03.257	展开立体图	open cube display	
03.258	叠合解释	overlay interpretation	
03.259	层位拉平	horizon flattening	
03.260	测井	logging, well logging	
03.261	测井图	log	又称"测井曲线"。
03.262	电测井	electrical logging	
03.263	电阻率测井	resistivity logging	
03.264	电导率测井	conductivity logging	
03.265	横向[电]测井	electrical lateral curve logging	
03.266	微电极测井	micrologging, microresistivity logging	
03.267	侧向测井	lateral logging	
03.268	感应测井	induction logging	
03.269	介电测井	dielectric logging	
03.270	自然电位测井	self−potential logging, SP logging	
03.271	电极电位测井	electrode potential logging	
03.272	滑动接触法测井	scratcher electrode logging	
03.273	声波测井	acoustic logging, sonic logging	
03.274	地震测井	well shooting	
03.275	超声成象测井	ultrasonic image logging	
03.276	放射性测井	radioactivity logging	
03.277	γ 测井	γ−ray logging	
03.278	γ−γ 测井	γ−γ logging	
03.279	散射 γ 测井	scattered γ−ray logging	
03.280	密度测井	density logging	
03.281	选择 γ−γ 测井	selective γ−γ logging	
03.282	中子−中子测井	neutron−neutron logging	
03.283	中子−超热中子测井	neutron−epithermal neutron logging	
03.284	中子−热中子测井	neutron−thermal neutron logging	
03.285	中子−γ 测井	neutron−γ logging	
03.286	能谱测井	spectral logging	

序 码	汉 文 名	英 文 名	注 释
03.287	中子活化测井	neutron activation logging	
03.288	同位素测井	radioisotope logging	
03.289	放射性示踪测井	radioactive tracer logging	
03.290	温度测井	temperature logging	
03.291	井液测井	well fluid logging, mud logging	又称"泥浆测井"。
03.292	磁化率测井	magnetic susceptibility logging	
03.293	倾角测井	dipmeter survey	
03.294	井径测井	caliper survey	
03.295	垂直地震测线法	vertical seismic profiles survey, VSP survey	
03.296	井中电视	borehole televiewer	
03.297	井中摄影	borehole photo	
03.298	地面–井中方式	surface–borehole variant	
03.299	井中–地面方式	borehole–surface variant	
03.300	井中–井中方式	borehole–borehole variant	
03.301	短棒图	stick plot	
03.302	蝌蚪图	tadpole plot	
03.303	箭头图	arrow plot	
03.304	γ 能谱仪	γ spectrometer	
03.305	航空放射性测量	airborne radioactivity survey	
03.306	射气测量	emanation survey	
03.307	氡气测量	radon survey	
03.308	α 径迹测量	α–track etch survey	
03.309	径迹探测器	track detecter	
03.310	γ–中子法	γ–neutron method	
03.311	中子活化法	neutron activation method	

英 汉 索 引

A

absolute gravimeter 绝对重力仪 03.060

absolute gravity measurement 绝对重力测量 01.455

acceleration response spectrum 加速度反应谱 01.379

accelerograph 加速度仪 01.748

accelerometer 加速度计 01.747

AC demagnetization 交流退磁 01.527

aclinic line 零倾线 02.175

acoustic logging 声波测井 03.273

active source method 主动源[方]法 03.018

adaptive stack 自适应叠加 03.231

additional potential 附加位 01.464

AE index AE 指数 02.300

AEM method 航空电磁法 03.127

AEM system 航空电磁系统 03.128

aerial gravity measurement 航空重力测量 03.047

aeromagnetic survey 航空磁测 03.076

aeronomy 高空大气学 02.101

AF cleaning 交变场清洗 01.529

AFMAG [天然]音频磁场法 03.139

after-effect of [magnetic] storm 磁暴后效 02.104

aftershock 余震 01.050

age of remanence 剩磁年龄 01.501

agonic line 零偏线 02.174

airborne electromagnetic method 航空电磁法 03.127

airborne electromagnetic system 航空电磁系统 03.128

airborne gravimeter 航空重力仪 03.055

airborne gravity measurement 航空重力测量 03.047

airborne radioactivity survey 航空放射性测量 03.305

air-coupled Rayleigh wave 空气耦合瑞利波 01.257

airglow 气辉 02.099

air gun 空气枪[震源] 03.146

air shower 大气簇射 02.250

air wave 空气波 01.219

Airy-Heiskanen isostasy 艾里-海斯卡宁均衡 01.459

Airy phase 艾里震相 01.220

AKR 极光千米波辐射 02.242

albedo electron 反照电子 02.269

albedo neutron 反照中子 02.268

Alfvén layer 阿尔文层 02.222

all-sky camera 全天空照相机 02.232

alternating current demagnetization 交流退磁 01.527

alternating field cleaning 交变场清洗 01.529

ambipolar diffusion 双极扩散 02.156

amplitude envelope 振幅包络 03.229

anaseism 离源震 01.277

anaseismic onset 离源初动 01.279

ancient geothermal system 古地热系统 01.689

anhysteretic remanent magnetization 无滞剩磁 01.522

anticenter 震中对跖点 01.079

anti-epicenter 震中对跖点 01.079

anti-plane shear crack 反平面剪切裂纹 01.327

antiroot 反山根 01.427

antisymmetrical mode 反对称振型 01.261

Ap index Ap 指数 02.299

apparent magnetic susceptibility 视磁化率 01.609

apparent polar wander 视极移 01.485

apparent polar-wander curve 视极移路径 01.488

apparent polar-wander path 视极移路径

01.488

apparent resistivity 视电阻率 03.079

apparent stress 视应力 01.324

Appleton anomaly 阿普尔顿异常 02.106

applied geophysics 应用地球物理[学] 03.001

applied seismology 应用地震学 01.009

APWP 视极移路径 01.488

archaeomagnetism 考古地磁[学] 01.475

ARM 无滞剩磁 01.522

array factor 排列系数 03.087

arrival time 到时 01.139

arrival time difference 到时差 01.140

arrow plot 箭头图 03.303

artificial earthquake 人工地震 01.030

artificial magnetization method 人工磁化法 03.075

artificial seismic source 人工震源 03.140

aseismic belt 无震带 01.118

aseismic slip 无震滑动 01.119

aseismic zone 无震区 01.117

asperity [source model] 凹凸体[震源模式] 01.348

astatic gravimeter 助动重力仪 03.059

astatic magnetometer 无定向磁强计 03.069

asthenosphere 软流层,＊软流圈 01.406

asymptotic latitude 渐近纬度 02.255

asymptotic longitude 渐近经度 02.256

atmosphere optical thickness 大气光学厚度 02.038

atmosphere scale height 大气标高 02.039

atmospheric absorption 大气吸收 02.040

atmospheric boundary 大气边界 02.041

atmospheric braking 大气制动 02.042

atmospheric extinction 大气消光 02.043

atmospheric model 大气模式 02.044

atmospheric opacity 大气不透明度 02.045

atmospheric oscillation 大气振荡 02.046

atmospheric parameter 大气参数 02.047

atmospheric radiation 大气辐射 02.048

atmospheric refraction 大气折射 02.049

atmospheric structure 大气结构 02.050

atmospheric tide 大气潮汐 02.082

atmospheric vorticity 大气涡度 02.051

atmospheric window 大气窗 02.052

audio frequency magnetic field method [天然]音频磁场法 03.139

Auger shower 俄歇簇射 02.252

aurora 极光 02.216

aurora australis 南极光 02.217

aurora borealis 北极光 02.218

auroral belt 极光带 02.220

auroral electrojet 极光带电集流 02.305

auroral electrojet index AE 指数 02.300

auroral kilometric radiation 极光千米波辐射 02.242

auroral oval 极光卵形环 02.219

away sector 背阳扇区 02.281

B

baked contact test 烘烤接触检验 01.538

baropause 气压层顶 02.037

barosphere 气压层 02.036

barrier [source model] 障碍体[震源模式] 01.347

base-line flying 基线飞行 03.077

base station 基点 03.032

B-axis 零向量,＊N 轴,＊B 轴 01.298

bay cable 浅海海底电缆 03.171

beam steering 延时组合 03.234

bedding correction 层面改正 01.589

belt of earthquakes 地震带 01.066

Benioff seismograph 贝尼奥夫地震仪 01.740

Benioff zone 贝尼奥夫带 01.439

between-sites precision 采点间精度 01.592

bilateral faulting 双侧断裂 01.287

Birkeland current 伯克兰电流 02.247

blackout [短波通讯]中断 02.129

Blake event 布莱克事件 01.568

Blake excursion 布莱克漂移 01.584

blind zone 盲区 03.148

blocking diameter 阻挡直径 01.602

blocking temperature 阻挡温度 01.601

blocking time 阻挡时间 01.603

blocking volume 阻挡体积 01.604

bodily seismic wave 地震体波 01.131

body wave magnitude 体波震级 01.085

boiling mud pool 沸泥塘 01.655

boiling spring 沸泉 01.654

borehole-borehole variant 井中-井中方式 03.300

borehole deformation gauge 钻孔形变计 01.720

borehole photo 井中摄影 03.297

borehole strainmeter 钻孔应变计 01.719

borehole stressmeter 钻孔应力计 01.728

borehole-surface variant 井中-地面方式 03.299

borehole televiewer 井中电视 03.296

Bosch-Omori seismograph 玻什-大森地震仪 01.742

bottom-side sounder 底视探测仪 02.148

Bouguer anomaly 布格异常 01.438

Bouguer reduction 布格校正 01.432

boundary velocity 界面速度 01.153

boundary wave 界面波 01.154

breakout phase 突发相 01.301

Briden index 布利登指数 01.526

bright spot [地震勘探]亮点 03.200

Brno excursion 布尔诺漂移 01.585

Browne correction 布朗热改正 01.433

Brunhes epoch 布容期 01.563

buoyancy frequency 浮力频率 02.110

Burg deconvolution 伯格反褶积 03.227

C

Cagniard-De Hoop method 卡尼亚尔-德胡普法 01.217

Cagniard-De Hoop technique 卡尼亚尔-德胡普法 01.217

Cagniard method 卡尼亚尔法 01.216

calibration [seismic] event 主导[地震]事件 01.108

caliper survey 井径测井 03.294

carbonated spring 碳酸泉 01.664

cascade migration 级联偏移 03.238

cascade shower 级联簇射 02.253

cauda(拉) 尾波 01.159

cause of earthquake 地震成因 01.275

CDP grid 共深度点网格 03.250

CDP stacking 共深度点叠加 03.184

central dipole 中心偶极子 02.186

central gradient array method 中间梯度法 03.091

Chandler wobble 钱德勒晃动, *钱德勒章动 01.431

channel wave 通道波 01.212

Chapman layer 查普曼层 02.105

Chapman production function 查普曼生成函数 02.117

characteristic wave 特征波 02.153

chemical cleaning 化学清洗 01.531

chemical geothermometer 化学地球温度计 01.695

chemical remanent magnetization 化学剩磁 01.514

chemopause 化学层顶 02.017

chemosphere 化学层 02.016

chorus 合声 02.237

C index C 指数 02.292

Ci index Ci 指数 02.294

C9 index C9 指数 02.295

cleft 极隙 02.223

closed loop field 闭合回线场 03.114

CLVD 补偿线性向量偶极 01.284

CMB 核-幔边界 01.400

Cochiti event 科奇蒂事件 01.575

coda 尾波 01.159

co-geoid 共大地水准面 01.452

coherence emphasis 相干加强 03.190

coherence stack 相干叠加 03.232

cold plume 冷焰 01.632

cold spring 冷泉 01.662

collapse earthquake 陷落地震 01.028

common depth point grid 共深度点网格 03.250

common-depth-point stacking　共深度点叠加 03.184

common mid-point stacking　共中心点叠加 03.185

compensated linear vector dipole　补偿线性向量偶极　01.284

complex correction　混合改正　03.071

complex resistivity method　复电阻率法 03.111

composite fault-plane solution　综合断层面解 01.273

composite profiling method　联合剖面法 03.089

compressional wave　压缩波　01.123

conductive heat flow　传导热流　01.620

conductivity logging　电导率测井　03.264

confining pressure　围压　01.349

conglomerate test　砾石检验　01.537

conical wave　锥面波、01.214

connate water　原生水　01.668

Conrad discontinuity　康拉德界面　01.705

Conrad interface　康拉德界面　01.705

contact induced polarization method　接触激发极化法　03.108

continental drift　大陆漂移　01.429

continental fitting　大陆拼合　01.701

continental plate　大陆板块　01.408

continental reconstruction　大陆重建　01.430

continental splitting　大陆分裂　01.428

continental spreading　大陆扩张　01.703

continuation of potential field　位场延拓 03.044

contour line　等值线　03.034

contour map　等值线图　03.035

contour map migration　等值线图偏移 03.255

controlled source　可控震源　03.147

controlled source seismology　可控源地震学 01.006

convection cell　对流环　01.440

convective heat flow　对流热流　01.621

convergence belt　汇聚带　01.416

convergence zone　汇聚带　01.416

convergent-type geothermal belt　汇聚型地热

带　01.642

conversion [of waves]　[波的]转换　01.157

converted wave　转换波　01.158

cool spring　凉泉　01.661

core-mantle boundary　核-幔边界　01.400

core-mantle coupling　核-幔耦合　01.401

corner cube display　角视立体图　03.256

corner frequency　拐角频率　01.320

coronal streamer　冕流，* 冕琉　02.288

corpuscular eclipse　微粒食　02.278

corrected geomagnetic coordinate　修正地磁坐标　02.188

co-seismic　同震的　01.371

cosmic background radiation　宇宙背景辐射 02.261

cosmic radio noise　宇宙射电噪声　02.122

cosmic ray abundance　宇宙线丰度　02.273

cosmic-ray equator　宇宙线赤道　02.260

cosmic ray jet　宇宙线集流　02.266

cosmic-ray knee　宇宙线膝　02.259

cosmic ray storm　宇宙线暴　02.264

Cowling conductivity　柯林电导率　02.118

creep　蠕变，* 蠕滑　01.711

creepmeter　蠕变仪　01.753

critical frequency　临界频率　02.124

CRM　化学剩磁　01.514

crossline　联络测线　03.245

cross-modulation　交叉调制　02.154

crust　地壳　01.395

crustal deformation　地壳形变　01.369

crustal earthquake　地壳地震　01.038

crustal structure　地壳构造　01.404

crustal transfer function　地壳传递函数 01.213

crystallization remanence　结晶剩磁　01.515

crystallization remanent magnetization　结晶剩磁　01.515

cumulative duration　累积持续时间　01.375

current electrode　供电电极　03.080

cusp　尖点　01.215

cusp　极隙　02.223

cut-off rigidity　截止刚度　02.258

cyclic magnetization　循环磁化[强度]　01.500

D

d 磁扰日 02.196

data aquisition 数据采集 03.041

data interpretation 数据解释，* 资料解释 03.043

data processing 数据处理 03.042

datum static correction 基准面静校正 03.217

dawn–dusk electric field 晨昏电场 02.249

DC cleaning 直流[场]清洗 01.530

3–D data volume 三维数据体 03.242

3–D display 三维显示 03.252

DD model 膨胀–扩散模式 01.343

declination 磁偏角 02.173

decoupling 解耦 01.211

deep–focus earthquake 深[源地]震 01.035

deep seismic sounding 深地震测深 03.150

deep space 深空 02.162

deflection of the vertical 垂线偏差 01.472

De Hoop transformation 德胡普变换 01.218

demultiplex 多路解编 03.215

density logging 密度测井 03.280

depositional DRM 沉积碎屑剩磁 01.518

depositional remanence 沉积剩磁 01.516

depositional remanent magnetization 沉积剩磁 01.516

depth migration 深度偏移 03.235

depth of compensation 补偿深度 01.461

depth [record] section 深度剖面 03.164

design spectrum 设计谱 01.376

detrital magnetic particle 碎屑磁颗粒 01.600

detrital remanence 碎屑剩磁 01.517

detrital remanent magnetization 碎屑剩磁 01.517

deviative absorption 偏移吸收 02.102

dielectric logging 介电测井 03.269

digisonde 数字式测高仪 02.141

Digital World Wide Standard Seismograph Network 数字化世界标准地震台网 01.773

dilatancy 膨胀 01.342

dilatancy–diffusion model 膨胀–扩散模式 01.343

dilatancy hardening 膨胀硬化 01.344

dilatational wave 膨胀波 01.124

dilatometer 膨胀仪 01.758

dim spot [地震勘探]暗点 03.201

dip angle 磁倾角 02.172

dip equator 倾角赤道 02.192

dipmeter survey 倾角测井 03.293

dip move–out 倾斜时差校正 03.239

dipole coordinate 偶极子坐标 02.187

dipole–dipole array 偶极排列 03.086

dipole–dipole array method 偶极排列法 03.092

dipole electrode array 偶极排列 03.086

dipole electrode sounding 偶极测深 03.095

dip orientation 倾向定向 01.495

dip pole 磁倾极 02.183

direct conductivity 直接电导率 02.121

direct current cleaning 直流[场]清洗 01.530

directivity 方向性 01.335

directivity function 方向性函数 01.336

direct wave 直达波 01.143

20° discontinuity 20°间断 01.142

discrete wavenumber method 离散波数法 01.229

discrete wavenumber / finite element method 离散波数有限元法 01.230

dispersion wave 频散波，* 色散波 02.054

displacement response spectrum 位移反应谱 01.377

dissociative recombination 离解性复合 02.125

distant earthquake 远震 01.047

disturbed daily variation 扰日日变化 02.199

disturbing mass 扰动质量 01.449

disturbing potential 扰动位 01.448

divergence belt 发散带 01.417

divergence zone 发散带 01.417

diversity stack 花样叠加 03.208

diving wave 潜波 01.210

3-D migration 三维偏移 03.241

DMO 倾斜时差校正 03.239

double nuclear resonance magnetometer 双重核共振磁力仪 03.064

down sweep 降频扫描 03.206

D-region D区 02.111

DRM 碎屑剩磁 01.517

DRM 沉积剩磁 01.516

dry model 干模式 01.345

3-D seismic method 三维地震法 03.198

Dst 暴时变化 02.200

Dst index Dst指数 02.301

duct 导管 02.240

ducted propagation 导管传播 02.241

duration of shaking 震动持续时间 01.374

DWFE method 离散波数有限元法 01.230

DW method 离散波数法 01.229

DWWSSN 数字化世界标准地震台网 01.773

dynamical mechanical magnification 动态机械放大倍数 01.751

dynamic equalization [地震勘探]道内动平衡 03.188

dynamic range 动态范围 01.752

dynamo region 发电机区 02.126

E

e(拉) 缓始 01.147

Earth 地球 01.394

Earth crust structure 地壳构造 01.404

Earth-flattening approximation 地球变平近似 01.209

Earth-flattening transformation 地球变平换算 01.208

Earth model 地球模型 01.207

earthquake 地震 01.024

earthquake catalogue 地震目录 01.067

earthquake damage 震害 01.367

earthquake depth 震源深度 01.112

earthquake dislocation 地震位错 01.269

earthquake engineering 地震工程[学] 01.022

[earthquake] epicenter 震中 01.073

earthquake force 地震力 01.283

earthquake forecasting 地震预报 01.351

earthquake frequency 地震频度 01.097

earthquake-generating stress 引震应力, *发震应力 01.358

earthquake hazard 震灾 01.366

earthquake intensity 地震烈度 01.091

earthquake light 地光 01.363

earthquake loading 地震载荷 01.373

earthquake location 地震定位 01.071

earthquake magnitude 震级 01.081

earthquake mechanism 地震机制 01.274

earthquake migration 地震迁移 01.113

earthquake period 地震周期 01.102

earthquake periodicity 地震周期性 01.101

earthquake prediction 地震预测 01.350

earthquake prevention 地震预防 01.392

earthquake-prone area 地震危险区 01.099

earthquake-proof 抗震 01.391

earthquake province 地震区 01.065

earthquake recurrence rate 地震重复率 01.100

earthquake region 地震区 01.065

earthquake-resistant structure 抗震结构 01.389

earthquake risk 地震危险性 01.365

earthquake rupture mechanics 地震破裂力学 01.312

earthquake sequence 地震序列 01.068

earthquake series 地震系列 01.069

earthquake size 地震大小 01.080

earthquake sound 地声 01.362

earthquake source mechanism 震源机制 01.270

earthquake statistics 地震统计[学] 01.020

[earthquake] swarm 震群 01.052

earthquake warning 地震警报 01.352

earthquake wave 地震波 01.120

[Earth's] inner-core [地球]内核 01.402

[Earth's] outer-core [地球]外核 01.403

earth tilt 地倾斜 01.364

eccentric dipole　偏心偶极子　02.193

eclipse effect　[日]食效应　02.157

edge dislocation　刃型位错　01.290

effective atmospheric transmission　有效大气透射　02.053

effective peak acceleration　有效峰值加速度　01.388

effective peak velocity　有效峰值速度　01.387

effective stress　有效应力　01.323

effective wave　有效波　03.151

elastic rebound　弹性回跳　01.276

electrical lateral curve logging　横向[电]测井　03.265

electrical logging　电测井　03.262

electrical prospecting　电法勘探　03.007

electrical sounding　电测深　03.093

electrical survey　电法调查　03.013

electrode array　电极排列　03.082

electrode potential logging　电极电位测井　03.271

electrojet　电集流　02.304

electromagnetic induction method　电磁感应法　03.113

electromagnetic method　电磁法　03.112

electromagnetic seismograph　电磁式地震仪　01.734

electromagnetic vibration exciter　电磁脉冲震源　03.144

ellipticity correction　椭率改正　01.435

emanation survey　射气测量　03.306

emersio　缓始　01.147

endogenous steam　内生蒸汽　01.676

engineering seismology　工程地震[学]　01.021

Eötvös correction　厄特沃什改正，＊厄缶改正　01.434

EPA　有效峰值加速度　01.388

epicenter azimuth　震中方位角　01.078

epicenter distribution　震中分布　01.075

epicenter intensity　震中烈度　01.076

epicenter migration　震中迁移　01.077

epicentral distance　震中距　01.074

epifocus　震中　01.073

EPV　有效峰值速度　01.387

equatorial anomaly　赤道异常　02.107

equatorial electrojet　赤道电集流　02.306

equilibrium tide　平衡潮　01.465

equipotential surface of gravity　重力等位面　01.450

equivalent current system　等效电流系　02.213

equivoluminal wave　等体积波　01.129

E-region　E区　02.112

ESP　扩展地震剖面法　03.246

evanescent wave　消散波　02.127

excitation-at-the-mass method　充电法　03.100

exobase　逸散层底　02.011

exosphere　逸散层　02.010

expansive phase　膨胀相　02.212

exploration geophysics　勘探地球物理[学]　03.002

exploration seismology　勘探地震学　01.005

explosion seismology　爆炸地震学　01.004

explosive cord　导炸索　03.142

explosive shower　爆发簇射　02.254

explosive source　爆炸震源　03.141

extended distance　延伸距离　01.294

extended seismic profiling　扩展地震剖面法　03.246

extensive coherent shower　广延相干簇射　02.251

extensometer　伸长仪　01.757

external field　外源场　02.215

extraordinary wave　非寻常波　02.131

extra-terrestrial seismology　地外震学　01.010

F

fade　衰落　02.128

fadeout　[短波通讯]中断　02.129

failure criterion　破坏准则　01.727

Faraday rotation　法拉第旋转　02.132

far-field　远场　01.183

far-field body wave　远场体波　01.184

far-field surface wave　远场面波　01.185
fault earthquake　断层地震　01.037
faulting　断层[作用]　01.334
fault-plane solution　断层面解　01.272
felt earthquake　有感地震　01.044
fiducial point　基准点　03.033
field-aligned current　场向电流　02.246
field-aligned irregularity　场向不规则结构　02.133
field-reversal　场[致]反向　01.545
finite difference migration　有限差分偏移　03.221
finite moving source　有限移动源　01.329
finiteness correction　有限性校正　01.338
finiteness factor　有限性因子　01.337
finiteness transform　有限性变换　01.339
first motion　初动　01.194
first motion approximation　初动近似　01.195
first movement　初动　01.194
fixed source field　定源场　03.124
fixed source method　定源法　03.125
flat-layer approximation　平层近似　01.199
flat spot　[地震勘探]平点　03.202
F1 layer　F1 层　02.114
F2 layer　F2 层　02.116
F1 ledge　F1 缘　02.115
flight-path recovery　航迹恢复　03.045
flux-gate magnetometer　磁通门磁力仪　03.065
focal depth　震源深度　01.112
focal dimension　震源尺度　01.285

focal force　震源力　01.282
focal mechanism　震源机制　01.270
focal mechanism solution　震源机制解　01.271
focal process　震源过程　01.340
focal sphere　震源球　01.292
focal volume　震源体积　01.268
focus　震源　01.104
fold test　褶皱检验　01.539
football mode　足球振型　01.180
Forbush decrease　福布什下降　02.265
forensic seismology　法律地震学　01.016
foreshock　前震　01.048
formation mean direction　建造平均方向　01.594
fossil geothermal system　古地热系统　01.689
fossil magnetization　化石磁化[强度]　01.502
fossil water　古水　01.675
fracture criterion　破裂准则　01.313
free air anomaly　自由空气异常　01.436
free-oscillation　自由振荡　01.163
F-region　F 区　02.113
frequency sounding method　频率测深法　03.120
frequency-wavenumber migration　频率波数偏移　03.223
full-wave theory　全波理论　01.198
fumarole　喷气孔　01.651
fumarolic field　冒汽地面　01.653
τ function　τ 函数　01.235
F-W migration　频率波数偏移　03.223

G

galactic cosmic ray　银河宇宙线　02.263
Galitzin seismograph　加利津地震仪　01.741
"garden gate" suspension　"花园门"悬挂法　01.781
gas exploder　气爆震源　03.145
Gauss epoch　高斯期　01.565
Gaussian beam　高斯波束　01.224
GDSN　全球数字地震台网　01.774
Gegenschein (德)　对日照　02.287
generalized ray　广义射线　01.196

generalized ray theory　广义射线理论　01.197
geocorona　地冕　02.289
geodynamics　地球动力学　01.698
geoelectric cross section　地电断面　03.098
geofluid　地热流体　01.679
geoheat　地热　01.612
geoid　大地水准面　01.451
geoisotherm　等地温面　01.617
geological radar　地质雷达　03.123
geomagnetic axis　地磁轴　01.479

geomagnetic chronology 地磁年代学 01.542

geomagnetic coordinate 地磁坐标 01.481

geomagnetic excursion 地磁漂移 01.562

geomagnetic index 地磁指数 02.290

geomagnetic polarity reversal 地磁极性反向 01.543

geomagnetic pole 地磁极 02.182

geomagnetic survey 地磁测量，＊磁测 02.303

geomagnetism 地磁[学] 02.170

geometric spreading 几何扩散 01.202

geophone [地震]检波器 03.165

geophone array 组合检波 03.181

geophysical anomaly 地球物理异常 03.020

geophysical exploration 地球物理勘探，＊物探 03.003

geophysical prospecting 地球物理勘探，＊物探 03.003

geophysical well-logging 地球物理测井 03.017

geophysics 地球物理学 01.393

geopotential 大地位 01.446

geotherm 等地温面 01.617

geothermal activity 地热活动 01.614

geothermal anomaly 地热异常 01.615

geothermal energy 地热能 01.677

geothermal field 地热田 01.686

geothermal fluid 地热流体 01.679

geothermal gradient 地温梯度 01.618

geothermally-anomalous area 地热异常区 01.616

geothermal phenomenon 地热现象 01.613

geothermal prospecting 地热勘探 03.010

geothermal reservoir 地热水库 01.690

geothermal resources 地热资源 01.678

geothermal survey 地热调查 03.016

geothermal system 地热系统 01.688

geothermics 地热学 01.610

geothermometer 地球温度计 01.694

geyser 间歇泉 01.647

geyserland 间歇泉区 01.648

ghost reflection 虚反射 01.204

Gilbert [reversed polarity] epoch 吉尔伯特[反

极性]期 01.566

Gilsa event 吉尔绍事件 01.570

global circulation 全球环流 02.055

Global Digital Seismograph Network 全球数字地震台网 01.774

global wind system 全球风系 02.056

gradient wind 梯度风 02.057

gradual commencement [magnetic] storm 缓始磁暴 02.205

Graefenberg array 格拉芬堡台阵 01.764

Graham magnetic interval 格拉姆磁间段 01.553

gravimeter 重力仪 01.457

gravimeter drift correction 重力仪零漂改正 03.054

gravimetry 重力测量学 01.444

gravitational tide 引力潮 02.058

gravity 重力 01.441

gravity acceleration 重力加速度 01.442

gravity anomaly due to magnetic body 磁源重力异常 03.074

gravity field 重力场 01.443

gravity gradient survey 重力梯度测量 03.046

gravity gradiometer 重力梯度仪 03.061

gravity gradient zone 重力梯度带 03.051

gravity high 重力高 03.049

gravity low 重力低 03.050

gravity maximum 重力高 03.049

gravity measurement 重力测量 01.453

gravity measurement at sea 海洋重力测量 01.454

gravity minimum 重力低 03.050

gravity potential 重力位 01.445

gravity prospecting 重力勘探 03.005

gravity survey 重力调查 03.011

grid cell [bin] 网格单元 03.253

ground follow-up 地面查证 03.028

ground motion 地面运动 01.382

ground roll 地滚 01.203

ground wave 地表波 01.144

group velocity 群速度 01.151

GRT 广义射线理论 01.197

H

Hall conductivity　霍尔电导率　02.120

Harang discontinuity　哈朗间断　02.134

HCI　烃类检测　03.204

head wave　首波　01.205

healing front　愈合前沿　01.341

heat budget　热量收支　02.059

heat flow　热流　01.619

heat flow province　热流区　01.626

heat flow subprovince　热流亚区　01.627

heat flow unit　热流单位　01.628

heat generation unit　生热率单位　01.629

heat sink　热壑　02.060

heat source　热源　02.061

heliosphere　日球层　02.029

heliospheric current sheet　日球层电流片　02.231

heterosphere　非均匀层　02.014

HFU　热流单位　01.628

higher mode　高阶振型　01.169

hiss　嘶声　02.238

historical earthquake　历史地震　01.033

historical seismology　历史地震学　01.003

HLEM　水平回线法　03.115

hodograph　时距曲线　03.152

homomorphic deconvolution　同态反褶积　03.228

homopause　均匀层顶　02.013

homosphere　均匀层　02.012

horizon flattening　层位拉平　03.259

horizontal loop method　水平回线法　03.115

hot dry rock　干热岩体　01.691

hot plume　热焰　01.631

hot spot　热点　01.630

hydrocarbon indicator　烃类检测　03.204

hydrofracturing　水压致裂　01.716

hydrothermal activity　水热活动　01.680

hydrothermal alteration　水热蚀变　01.665

hydrothermal area　水热区　01.684

hydrothermal circulation　水热循环　01.681

hydrothermal convection system　水热对流系统　01.682

hydrothermal eruption　水热喷发　01.649

hydrothermal explosion　水热爆炸　01.650

hydrothermal field　水热田　01.687

hydrothermal mineralization　水热矿化　01.666

hydrothermal resources　水热资源　01.685

hydrothermal system　水热系统　01.683

hypocenter　震源　01.104

hypocenter parameter　震源参数　01.110

hypocentral distance　震源距　01.105

hypocentral location　震源定位　01.106

I

i(拉)　锐始　01.146

IDA Network　国际加速度计部署台网，＊埃达台网　01.775

IGY　国际地球物理年　01.767

Illawarra reversal　伊勒瓦拉反向　01.582

imaginary—real component method　虚实分量法　03.116

IMF　行星际磁场　02.230

impedance interface　阻抗界面　03.154

impedance probe　阻抗探针　02.135

impetus　锐始　01.146

inclination　磁倾角　02.172

incoherent scattering radar　非相干散射雷达　02.136

induced earthquake　诱发地震　01.031

induced polarization method　激发极化法　03.103

induced pulse transient method　感应脉冲瞬变法，＊因普特法　03.119

induced seismicity　诱发地震活动性　01.063

induction logging　感应测井　03.268

initial phase　初相　02.208

initial stress　初始应力　01.726

inline　主测线　03.244

in-plane shear crack　平面剪切裂纹　01.326

INPUT method　感应脉冲瞬变法，＊因普特
法　03.119

in-situ measurement　原地测量　01.707

in-situ stress　原地应力　01.708

integrated geophysical system　综合物探系统
，03.004

intensity scale　烈度表　01.092

interlocking point　互换点　03.172

intermediate polarity　中间极性　01.550

intermittent spring　间歇泉　01.647

internal field　内源场　02.214

International Deployment of Accelerometers
Network　国际加速度计部署台网，＊埃达
台网　01.775

international geomagnetic reference field　国际
参考地磁场　02.074

International Geophysical Year　国际地球物理
年　01.767

international magnetic character figure　国际磁
情记数　02.293

international reference atmosphere　国际参考
大气　02.062

international reference ionosphere　国际参考电
离层　02.075

International Seismological Center　国际地震
中心　01.768

International Seismological Summary　国际地
震汇编　01.769

interplanetary discontinuity　行星际间断
02.284

interplanetary dust　行星际尘埃　02.283

interplanetary magnetic field　行星际磁场
02.230

interplanetary scintillation　行星际闪烁
02.285

interplanetary shock　行星际激波　02.286

interplanetary space　行星际空间　02.160

interplate earthquake　板间地震　01.423

interplate geothermal belt　板间地热带
01.641

interstellar space　[恒]星际空间　02.161

intraplate earthquake　板内地震　01.424

intraplate geothermal system　板内地热系统
01.645

intraplate volcano　板内火山　01.644

invariant latitude　不变纬度　02.191

inverse dispersion　反频散　01.136

inversion layer　逆温层　02.033

inverted-V event　倒 V 事件　02.243

ionogram　电离图　02.142

ionopause　电离层顶　02.023

ionosonde　电离层测高仪　02.138

ionosphere　电离层　02.022

ionospheric storm　电离层暴　02.137

IP method　激发极化法　03.103

IRM　等温剩磁　01.520

irrotational wave　无旋波　01.125

ISC　国际地震中心　01.768

island arc geothermal zone　岛弧地热带
01.640

isogeotherm　等地温面　01.617

isomagnetic chart　等磁图　02.178

isomagnetic line　等磁强线　02.179

isopiestics　等压线　02.063

isopore　等年变线　02.180

isoporic line　等年变线　02.180

isoseismal curve　等震线　01.098

isoseismal line　等震线　01.098

isostasy　地壳均衡[说]　01.425

isostatic anomaly　均衡异常　01.437

isothermal layer　等温层　02.064

isothermal remanent magnetization　等温剩磁
01.520

isotopic geothermometer　同位素地球温度计
01.696

ISS　国际地震汇编　01.769

J

Jalamillo event　哈拉米略事件　01.569

Japan Meteorological Agency [intensity] scale

日本气象厅[烈度]表，＊JMA 表　01.096

JB table　杰弗里斯－布伦走时表　01.191

Jeffreys–Bullen seismological table　杰弗里斯－布伦走时表　01.191

Jeffreys–Bullen travel time table　杰弗里斯－布伦走时表　01.191

JMA [intensity] scale　日本气象厅[烈度]表，＊JMA 表　01.096

joint hypocentral determination　联合震源定位　01.109

juvenile gas　原生气体　01.667

juvenile water　原生水　01.668

K

Kaena event　卡埃纳事件　01.573

kataseism　向源震　01.278

kataseismic onset　向源初动　01.280

key bed　地震标准层　03.163

Kiaman interval　基亚曼间段　01.579

K index　K 指数　02.297

Kirchhoff integration migration　基尔霍夫积分偏移　03.222

Kp index　Kp 指数　02.298

K [precision] parameter　K[精度]参数　01.593

L

LaCoste suspension　拉科斯特悬挂法　01.782

lamellar domain　层状畴　01.599

large–aperture seismic array　大孔径地震台阵　01.765

large earthquake　远震　01.047

Large Earthquake Prompt Report Network　大震速报台网　01.776

LASA　大孔径地震台阵　01.765

Laschamp event　拉尚事件　01.567

Laschamp excursion　拉尚漂移　01.583

lateral logging　侧向测井　03.267

lateral wave　侧面波　01.206

latitude correction　纬度校正　03.053

layout　观测系统　03.175

leaking mode　泄漏振型　01.188

leaky mode　泄漏振型　01.188

liquid core　液核　01.421

lithosphere　岩石层，＊岩石圈　01.405

load Love's number　载荷勒夫数　01.470

load tide　载荷潮　01.466

local anomaly　局部异常　03.023

local earthquake　地方震　01.042

local magnitude　地方震级　01.082

local shock　地方震　01.042

locked fault　闭锁断层　01.333

log　测井图，＊测井曲线　03.261

logging　测井　03.260

γ–γ logging　γ–γ 测井　03.278

longitudinal conductance　纵向电导　03.097

longitudinal wave　纵波　01.122

loop–shaped sounding　环形测深　03.096

Love's number　勒夫数　01.469

Love wave　勒夫波，＊Q 波　01.255

lower atmosphere　低层大气　02.032

lower mantle　下地幔　01.399

low velocity layer　低速层　01.419

low velocity zone　低速区　01.420

lunar seismogram　月震图　01.061

lunar seismology　月震学　01.013

lunar tide　太阴潮　02.086

LVL　低速层　01.419

LVZ　低速区　01.420

M

macroseismic data　宏观地震资料　01.090

magmatic chamber　岩浆房　01.636

magmatic circulation　岩浆环流　01.635

magmatic pocket　岩浆房　01.636

magmatic water　岩浆水　01.671

magnetically disturbed day　磁扰日　02.196

magnetically quiet day　磁静日　02.195

magnetic bay　磁湾扰　02.202

magnetic character figure　磁情记数　02.291

magnetic charging method　磁充电法　03.102

magnetic chart　磁图　02.177

magnetic cleaning　磁清洗　01.528

magnetic colatitude　磁余纬　01.483

magnetic coordinate　磁坐标　01.482

magnetic crochet　磁钩扰　02.203

magnetic dipole time　磁偶极时　02.185

magnetic disturbance　磁扰　02.201

magnetic fabric　磁组构　01.608

[magnetic] field−free space　无磁场空间　01.535

magnetic gradiometer　磁力梯度仪　03.068

magnetic induced polarization method　磁激发极化法　03.110

magnetic isoanomalous line　等磁异常线　02.181

magnetic isoclinic line　等磁倾线　02.176

magnetic local time　磁地方时　02.184

magnetic overprinting　磁叠印　01.509

magnetic prospecting　磁法勘探　03.006

[magnetic] pulsation　[磁]脉动　02.233

magnetic quiet zone　磁静带　01.551

magnetic rigidity　磁刚度　02.257

magnetic storm　磁暴　02.204

magnetic stratigraphy　磁性地层学　01.541

magnetic substorm　磁亚暴　02.211

magnetic survey　磁法调查　03.012

magnetic susceptibility logging　磁化率测井　03.292

magnetic susceptibility meter　磁化率计　03.072

magnetic washing　磁清洗　01.528

magnetocrystalline anisotropy　磁晶各向异性　01.607

magnetogram　磁照图　02.194

magneto−ionic theory　磁离子理论　02.109

magnetopause　磁层顶　02.028

magnetosheath　磁鞘　02.226

magnetosphere　磁层　02.027

magnetospheric storm　磁层暴　02.248

magnetostratigraphy　磁性地层学　01.541

magnetotail　磁尾　02.227

magnetotelluric method　磁大地电流法　03.122

magnitude　震级　01.081

magnitude−frequency relation　震级−频度关系　01.088

main field　主磁场　02.171

main phase　主相　02.209

main shock　主震　01.049

major earthquake　大震　01.046

Mammoth event　马默思事件　01.574

mantle　地幔　01.397

mantle convection　地幔对流　01.702

mantle convection cell　地幔对流环　01.634

mantle heat flow　地幔热流　01.624

mantle plume　地幔焰，＊地幔柱　01.633

Marsquake　火星震　01.026

master earthquake　主导地震　01.107

master [seismic] event　主导[地震]事件　01.108

Matuyama epoch　松山期　01.564

maximum usable frequency　最大可用频率　02.169

M discontinuity　莫霍[洛维契奇]界面，＊M界面　01.396

mechanical remanence　机械剩磁　01.525

Medvedev−Sponheuer−Karnik [intensity] scale　麦德维捷夫−施蓬霍伊尔−卡尔尼克[烈度]表，＊MSK表　01.094

meizoseismal area　极震区　01.089

Mercanton [magnetic] interval　默坎顿[磁]间段　01.580

meson telescope　介子望远镜　02.270

mesopause　中间层顶　02.007

mesosphere　中间层　02.006

metamorphic water　变质水　01.673

meteoric water　雨水，＊大气水　01.674

meteor radar　流星雷达　02.065

meteor trail　流星余迹　02.066

τ method　τ 法　01.236

microearthquake　微震　01.054

microgravimetry　微重力测量学　01.473

micrologging　微电极测井　03.266

micropulsation　微脉动　02.234

N

02.103

non-explosive source　非炸药震源　03.143

non-linear sweep　非线性扫描　03.207

non-ore anomaly　非矿异常　03.022

nonvolcanic geothermal region　非火山地热区
　01.693

normal dispersion　正频散　01.135

normal earthquake　正常[深度]地震　01.036

normal gravity potential　正常重力位　01.447

normalized total gravity gradient　归一化重力

总梯度　03.052

normal mode　简正振型　01.167

normal moveout correction　动校正　03.158

normal polarity　正向极性　01.548

north magnetic pole　磁北极　02.189

nose whistler　鼻哨　02.236

NRM　天然剩磁　01.503

null vector　零向量，＊N 轴，＊B 轴
　01.298

Nunivak event　努尼瓦克事件　01.576

O

ocean-bottom seismograph　海底地震仪
　01.738

offset　偏移距　03.160

offset　炮检距　03.159

Olduvai event　奥杜瓦伊事件　01.571

omnidirectional geophone pattern　全方位检波
　器组合　03.251

one-hop propagation　一跳传播　02.166

open cube display　展开立体图　03.257

optical pump magnetometer　光泵磁力仪
　03.066

ordinary wave　寻常波　02.130

ore anomaly　矿异常　03.021

organ-pipe mode　风琴管振型　01.179

origin time　发震时刻　01.072

orogenic geothermal belt　造山地热带　01.643

outer space　外层空间　02.159

overburden pressure　盖层压力　01.721

overcoring　套芯钻　01.722

Overhauser magnetometer　双重核共振磁力仪
　03.064

overlay interpretation　叠合解释　03.258

overpressure　超压　01.724

overtone normal mode　谐波简正振型　01.168

ozonopause　臭氧层顶　02.019

ozonosphere　臭氧层　02.018

P

palaeogeomagnetic equator　古地磁赤道
　01.491

palaeogeomagnetic intensity　古地磁强度
　01.492

palaeogeothermics　古地热学　01.611

palaeolatitude　古纬度　01.489

palaeolongitude　古经度　01.490

palaeomagnetic direction　古地磁方向
　01.477

palaeomagnetic field　古地磁场　01.476

palaeomagnetic pole　古地磁极　01.478

palaeomagnetism　古地磁[学]　01.474

PARM　部分无滞剩磁　01.523

partial ARM　部分无滞剩磁　01.523

partial thermoremanent magnetization　部分

热剩磁　01.512

passive source method　被动源[方]法　03.019

Paterson reversal　帕特森反向　01.581

P-axis　压力轴，＊P 轴　01.296

PCA　极盖吸收　02.143

PDE　初定震中　01.770

peak acceleration　峰值加速度　01.386

peak displacement　峰值位移　01.384

peak velocity　峰值速度　01.385

Pederson conductivity　彼得森电导率　02.119

penny-shaped crack　币形裂纹　01.718

percent frequency effect　百分频率效应
　03.109

phase discrimination　震相辨别　01.155

phase identification　震相识别　01.156

phase induced polarization method　相位激发极化法　03.107

phase velocity　相速度　01.150

photodetachment　光致脱离　02.069

photodissociation　光致离解　02.070

photo-excitation　光致激发　02.072

photoionization　光致电离　02.071

photo-recombination　光致复合　02.073

physics of the Earth　地球物理学　01.393

piezo-magnetic effect　压磁效应　01.717

piezo-remanence　压剩磁　01.510

piezo-remanent magnetization　压剩磁　01.510

planetary seismology　行星震学　01.011

planet-wide geothermal belt　全球性地热带　01.638

plasma mantle　等离子体幔　02.228

plasmapause　等离子体层顶　02.025

plasmasheet　等离子体片　02.229

plasmasphere　等离子体层　02.024

plate collision　板块碰撞　01.700

plate tectonics　板块[大地]构造学　01.699

plutonic water　深成水　01.669

polar cap absorption　极盖吸收　02.143

polarity bias　极性偏向　01.559

polarity chron　极性年代　01.556

polarity dating　极性年代测定　01.547

polarity epoch　极性期　01.554

polarity event　极性事件　01.555

polarity interval　极性间段　01.552

polarity sequence　极性序列　01.560

polarity subchron　极性亚代　01.557

polarity superchron　极性超代　01.558

polarity transition　极性过渡　01.561

polar phase shift　极相漂移　01.166

polar shift　极移　01.484

polar wander　极移　01.484

polar-wander curve　极移曲线　01.487

polar-wander path　极移路径　01.486

polar wind　极风　02.244

pole-dipole array　三极排列　03.085

pole of spreading　扩张极　01.411

poloidal　极型　01.171

poloidal oscillation　极型振荡　01.172

positive anomaly　正异常　03.025

post-depositional DRM　沉积后碎屑剩磁　01.519

post-seismic　震后的　01.372

poststack migration　叠后偏移　03.237

potential electrode　测量电极　03.081

power-law creep　幂次律蠕变　01.715

Pratt-Hayford isostasy　普拉特-海福德均衡　01.458

precursor　前兆　01.360

precursor time　前兆时间　01.368

predictive deconvolution　预测反褶积　03.226

Preliminary Determination of Epicenter　初定震中　01.770

Preliminary Reference Earth Model　初始参考地球模型　01.193

PREM　初始参考地球模型　01.193

pre-seismic　震前的　01.370

Press-Ewing seismograph　普雷斯-尤因地震仪　01.743

pressure axis　压力轴，＊P轴　01.296

prestack migration　叠前偏移　03.236

primary magnetization　原生磁化[强度]　01.497

primary remanent magnetization　原生剩磁　01.505

primary wave　初至波，＊P波　01.121

PRM　压剩磁　01.510

profile　剖面　03.036

profile　测线　03.030

profile map　剖面图　03.038

prograde　正转　01.258

progressive wave　前进波　01.242

propogator matrix　传播矩阵　01.231

proton flare　质子耀斑　02.267

protonosphere　质子层　02.026

proton-precession magnetometer　质子旋进磁力仪　03.063

pseudo-acceleration response spectrum　伪加速度反应谱　01.381

pseudo-aftershock　假余震　01.051

pseudogravity anomaly　磁源重力异常　03.074

pseudosection map　拟断面图　03.099

pseudo-trapped particle　假捕获粒子　02.224

pseudo-velocity response spectrum　伪速度反应谱　01.380

PTRM　部分热剩磁　01.512

putizze　硫化氢气孔　01.658

PWP　极移路径　01.486

Q

q　磁静日　02.195

quasi-longitudinal propagation　准纵传播　02.168

quasi-transverse propagation　准横传播　02.167

Querwellen(德)　勒夫波　01.255

R

radial oscillation　径向振荡　01.170

radiation belt　辐射带，＊范艾伦带　02.225

radiation budget　辐射收支　02.076

radiation cooling　辐射冷却　02.077

radiation pattern　辐射图型　01.281

radiative transfer　辐射传输　02.078

radioactive tracer logging　放射性示踪测井　03.289

radioactivity logging　放射性测井　03.276

radioactivity prospecting　放射性勘探　03.009

radioactivity survey　放射性调查　03.015

radioisotope logging　同位素测井　03.288

radio-phase method　无线电相位法　03.138

radon survey　氡气测量　03.307

rake　滑动角　01.331

range index　变幅指数　02.296

[ray] bending method　[射线]弯曲法　01.264

Rayleigh wave　瑞利波，＊R波　01.256

γ-ray logging　γ测井　03.277

ray method　射线法　01.253

ray parameter　射线参数　01.252

[ray] shooting method　[射线]发射法　01.263

ray tracing　射线追踪　01.262

real time correlation　实时相关　03.209

receiver statics　接收点静校正　03.219

recombination radiation　复合辐射　02.079

recording geometry　观测系统　03.175

recovery phase　恢复相　02.210

reduced heat flow　折合热流量　01.625

reduced pendulum length　折合摆长　01.749

reduced to the magnetic pole　磁极归化　03.073

reduced travel time　折合走时　01.254

reflection coefficient　反射系数　01.225

reflection matrix　反射矩阵　01.233

reflection seismology　反射地震学　01.014

reflectivity method　反射率法　01.228

refraction correlation method　折射波对比法　03.149

regional anomaly　区域异常　03.024

regional earthquake　区域地震　01.043

relative amplitude preserve　相对振幅保持　03.203

relative gravity measurement　相对重力测量　01.456

relaxation source　松弛源　01.330

remagnetization　再磁化　01.507

remagnetization circle　再磁化圆[弧]　01.508

remanence　剩余磁化[强度]　01.499

remanent magnetization　剩余磁化[强度]　01.499

reservoir-induced earthquake　水库诱发地震　01.032

residual gravity anomaly　剩余重力异常　03.048

resistivity logging　电阻率测井　03.263

resistivity method　电阻率法　03.078

resistivity profiling　电阻率剖面法　03.088

retrograde　倒转　01.259

return period　重现周期　01.103

Reunion event　留尼旺事件　01.572

reversal test　倒转检验　01.536

reverse branch　回转波　03.179

reversed polarity　反向极性　01.549

rheological intrusion　流变性侵入体　01.637

Richter magnitude　里氏震级　01.083

ridge-type earthquake　洋脊型地震　01.412

rigid boom system　硬架系统　03.129

rigid frame system　硬架系统　03.129

ring current　环电流　02.245

ringing　鸣震　03.176

riometer　宇宙噪声吸收仪　02.123

rock burst　岩爆　01.706

rock magnetism　岩石磁性　01.595

root of mountain　山根　01.426

Rossi-Forel [intensity] scale　罗西-福勒[烈度]表，＊RF表　01.095

rotational remanence　旋转剩磁　01.524

rotational remanent magnetization　旋转剩磁　01.524

rotational wave　旋转波　01.130

RRM　旋转剩磁　01.524

rupture front　破裂前沿　01.315

rupture length　破裂长度　01.316

rupture process　破裂过程　01.317

rupture propagation　破裂传播　01.318

S

S　纵向电导　03.097

S　太阳日变化　02.198

scattered γ-ray logging　散射γ测井　03.279

Schlumberger [electrode] array　施伦伯格[电极]排列　03.084

scratcher electrode logging　滑动接触法测井　03.272

screw dislocation　螺型位错　01.291

S_d　扰日日变化　02.199

sea floor spreading　海底扩张　01.410

sea gravimeter　海洋重力仪　03.057

sea-quake　海震　01.056

sea shock　海震　01.056

secondary magnetization　次生磁化[强度]　01.498

secondary remanent magnetization　次生剩磁　01.506

secondary wave　续至波，＊S波　01.126

section　断面　03.037

section map　断面图　03.039

sector boundary　扇形边界　02.280

sector structure　扇形结构　02.279

secular variation　长期变化　02.197

seismic absorption band　地震吸收带　01.248

seismic activity　地震活动性　01.062

seismically active belt　地震活动带　01.115

seismically active zone　地震活动区　01.114

[seismic] array　[地震]台阵　01.763

seismic belt　地震带　01.066

seismic body wave　地震体波　01.131

seismic channel　地震道　03.166

seismic cycle　地震轮回　01.070

seismic data preprocessing　地震数据预处理　03.214

seismic dislocation　地震位错　01.269

seismic efficiency　地震效率　01.309

seismic energy　地震能量　01.304

seismic facies　地震相[勘探]　03.210

seismic gap　地震空区　01.116

seismic hazard　震灾　01.366

seismic horizon　地震层位　03.162

seismic intensity　地震烈度　01.091

seismicity　地震活动性　01.062

seismicity pattern　地震活动性图象　01.361

[seismic] Mach number　[地震]马赫数　01.305

seismic marker horizon　地震标准层　03.163

seismic moment　地震矩　01.306

[seismic] moment-density tensor　[地震]矩密度张量　01.307

[seismic] moment tensor　[地震]矩张量　01.308

seismic network　地震台网　01.761

seismic parameter　地震参数　01.111

[seismic] phase　[地震]震相　01.145

seismic prospecting　地震勘探　03.008

seismic ray　地震射线　01.152

seismic reflection method　地震反射法　01.162

seismic refraction method　地震折射法　01.161

seismic regime　震情　01.356

seismic regionalization　地震区划　01.353

Seismic Research Observatory　地震研究观测台　01.771

seismic risk　地震危险性　01.365

seismic sea wave　海啸　01.057

seismic seiche　湖震　01.055

seismic sequence　地震序列　01.068

[seismic] site intensity　[地震]场地烈度　01.355

seismic sounding　地震测深　01.160

seismic source　震源　01.104

seismic source dynamics　震源动力学　01.267

seismic source kinematics　震源运动学　01.266

seismic source parameter　震源参数　01.110

seismic station　地震台，＊地震站　01.759

[seismic] stress drop　[地震]应力降　01.321

seismic structural map　地震构造图　03.196

seismic surface wave　地震面波　01.132

seismic surveillance　地震监测　01.357

seismic survey　地震调查　03.014

[seismic] tomography　[地震]层析成像　01.265

seismic trigger　地震触发器　01.778

seismic wave　地震波　01.120

seismic-wave dispersion　地震波频散　01.134

[seismic] wave guide　[地震]波导　01.251

seismic wavelet　地震子波　03.155

seismic zone　地震区　01.065

seismic zoning　地震区划　01.353

seismogenic zone　孕震区　01.359

seismogeology　地震地质学　01.017

seismogram　地震图　01.060

seismograph　地震仪　01.733

seismological table　走时表　01.190

seismology　地震学　01.002

seismology model　地震模型[学]　01.023

seismometer　地震计　01.732

seismometry　测震学　01.730

seismoscope　验震器　01.731

seismosociology　地震社会学　01.019

seismotectonic province　地震构造区　01.064

seismotectonics　地震构造学　01.018

selective γ-γ logging　选择 γ-γ 测井　03.281

self-potential logging　自然电位测井　03.270

self-potential method　自然电位法　03.101

self-reversal　自反向　01.544

SFD　[短波]频率急偏　02.151

shadow zone　影区　01.249

shallow-focus earthquake　浅[源地]震　01.034

[shear coupled] PL waves　[剪切耦合]PL 波　01.243

shear dislocation　剪切位错　01.288

shear melting　剪切熔融　01.422

shear wave　剪切波　01.128

Shida's number　志田数　01.468

shipboard gravimeter　船载重力仪　03.056

shock absorption　消振　01.390

shock resistant　抗震　01.391

shock size　地震大小　01.080

shoot statics　炮点静校正　03.218

short wave fadeout　短波突然衰落　02.150

shot-geophone distance　炮检距　03.159

SID　突发电离层骚扰　02.144

side swipe　侧击波　03.177

Sidutjall event　西杜杰尔事件　01.577

silent earthquake　寂静地震　01.319

single domain particle　单畴颗粒　01.596

site remanence　原地剩磁　01.504

skip distance　跳距　02.158

slant stack　倾斜叠加　03.233

slip function　滑动函数　01.310

slip vector　滑动向量　01.325

slowness　慢度　01.246

slowness method　慢度法　01.247

slump test　坍塌检验　01.540

SMART 1　台湾强地动一号台阵　01.766

smoked paper record　熏烟纸记录图　01.777

sodium layer　钠层　02.015

SOFAR channel　SOFAR 声道　01.149

solar corpuscular emission　太阳微粒发射　02.277

solar cosmic ray　太阳宇宙线　02.262

solar daily variation　太阳日变化　02.198

solar electron event　太阳电子事件　02.272

solar proton event　太阳质子事件　02.271

solar-terrestrial physics　日地物理学　02.165

solar-terrestrial space　日地空间　02.164

solar tide 太阳潮 02.087

solar wind 太阳风 02.276

solfatara 硫质气孔 01.657

solid Earth geophysics 固体地球物理学 01.001

[solid] Earth tide 固体潮, * 陆潮 01.467

sonic logging 声波测井 03.273

sound fixing and ranging channel SOFAR 声道 01.149

sounding balloon 探空气球 02.080

sounding of induced polarization 激发极化测深 03.104

sounding rocket 探空火箭 02.081

source array 组合源 03.180

source time function 震源时间函数 01.311

south magnetic pole 磁南极 02.190

SPA 突发相位异常 02.152

space physics 空间物理学 02.001

space physics 空间物理 02.163

spectral induced polarization method 频谱激发极化法 03.106

spectral logging 能谱测井 03.286

γ spectrometer γ 能谱仪 03.304

spectrum of turbulence 湍流谱 02.089

spherical divergence compensation 球面发散补偿 03.216

spheroidal 球型 01.173

spheroidal oscillation 球型振荡 01.174

spike deconvolution 脉冲反褶积 03.225

spinner magnetometer 旋转磁强计 03.070

splitting parameter 分裂参数 01.181

SP logging 自然电位测井 03.270

spontaneous [fault] rupture 自发[断层]破裂 01.314

sporadic E 散见 E 层 02.146

spread [检波器]排列 03.174

spread F 扩展 F 02.145

spreading rate 扩张[速]率 01.704

SQUID magnetometer 超导磁力仪 03.067

SRO 地震研究观测台 01.771

stacked profiles map 叠加剖面图 03.040

stacking 叠加 01.250

stacking velocity 叠加速度 03.193

standard station 基准台 01.760

starting phase 起始相 01.299

statical mechanical magnification 静态机械放大倍数 01.750

static correction 静校正 03.157

statics 静校正 03.157

steady state creep 稳态蠕变 01.713

steaming ground 冒汽地面 01.653

steam vent 汽孔 01.656

stepout 时差 03.156

stick plot 短棒图 03.301

stick slip 粘滑 01.729

stiffness 劲度 01.709

Stoneley wave 斯通莱波 01.244

stopping phase 停止相 01.300

Störmer cone 斯特默锥 02.274

Störmer length 斯特默长度 02.275

storm-time variation 暴时变化 02.200

strain accumulation 应变积累 01.725

strainmeter 应变仪 01.754

strain step 应变阶跃 01.302

stratopause 平流层顶 02.005

stratosphere 平流层 02.004

streamer 海洋地震拖缆 03.170

stress dislocation 应力位错 01.328

stress glut 应力过量 01.303

stressmeter 应力仪 01.755

stress relief 应力解除 01.723

stress trajectory 应力迹线 01.710

strike orientation 走向定向 01.494

stripping the Earth 剥地球[法] 01.189

strong earthquake 强震 01.053

strong [ground] motion 强地面运动, * 强地动 01.383

Strong Motion Array in Taiwan Number 1 台湾强地动一号台阵 01.766

strong-motion seismograph 强震仪 01.735

strong motion seismology 强地动地震学 01.015

subauroral zone 亚极光带 02.221

subcrustal earthquake 壳下地震 01.039

subduction 消减 01.413

subduction belt 消减带 01.414

subduction-type geothermal belt 消减型地热带 01.639

subduction zone　消减带　01.414

submarine earthquake　海下地震　01.040

submarine fumarole　洋底喷气孔　01.652

submarine hot spring　洋底热泉　01.660

submarine seismograph　海底地震仪　01.738

subsurface grid　地下网格　03.249

sudden commencement　急始　02.207

sudden commencement [magnetic] storm　急始磁暴　02.206

sudden frequency deviation　[短波]频率急偏　02.151

sudden ionospheric disturbance　突发电离层骚扰　02.144

sudden phase anomaly　突发相位异常　02.152

sun compass　太阳罗盘　01.493

superconductive gravimeter　超导重力仪　03.058

superconductive magnetometer　超导磁力仪　03.067

surface–borehole variant　地面–井中方式　03.298

surface geothermal manifestation　地表地热显示　01.646

surface heat flow　地表热流　01.623

surface hodograph　时距曲面　03.153

surface S wave　横波型面波　01.245

surface wave magnitude　面波震级　01.086

survey grid　测网　03.031

survey line　测线　03.030

survey station　测点　03.029

susceptibility　磁化率　01.496

swath　测线束法　03.243

SWF　短波突然衰落　02.150

symmetrical four–pole sounding　对称四极测深　03.094

symmetrical mode　对称振型　01.260

symmetrical profiling　对称剖面法　03.090

synthetical seismogram　合成地震图　01.201

T

tadpole plot　蝌蚪图　03.302

tail stinger system　尾刺系统　03.132

take–off angle　离源角　01.293

T–axis　张力轴，＊T 轴　01.297

TEC　电子总含量　02.155

tectonic earthquake　构造地震　01.027

[tectonic] plate　[构造]板块　01.407

tectonic stress　构造应力　01.322

tectonophysics　构造物理学　01.697

telemetered seismic network　遥测地震台网　01.762

telemetric seismic instrument　遥测地震仪　03.213

teleseism　远震　01.047

teleseismic wave　远震地震波　01.133

telluric [current] method　大地电流法　03.121

temperature logging　温度测井　03.290

tensile dislocation　张位错　01.289

tension axis　张力轴，＊T 轴　01.297

terrain correction　地形[影响]校正　03.027

terrestrial heat flow　大地热流　01.622

terrestrial interferometry　地球干涉量度学　01.165

terrestrial spectroscopy　地球谱学　01.164

tertiary creep　第三期蠕变　01.714

theoretical seismogram　理论地震图　01.200

thermal cleaning　热清洗　01.532

thermomagnetic curve　热磁曲线　01.533

thermomagnetic separation　热磁分离　01.534

thermopause　热层顶　02.009

thermoremanence　热剩磁　01.511

thermoremanent magnetization　热剩磁　01.511

thermosphere　热层　02.008

Thomson–Haskell matrix methord　汤姆森–哈斯克尔矩阵法　01.227

Thvera event　斯韦劳事件　01.578

TID　电离层行扰　02.149

tidal factor　潮汐因子　01.471

tidal motion　潮汐运动　02.083

tidal oscillation　潮汐振荡　02.084

tidal wave　潮汐波　02.085

tidal wave　海啸　01.057

tide–generating force　引潮力　01.462

tide–generating potential 引潮位 01.463

tie point 连结点 03.173

tilt correction 倾斜改正 01.590

tiltmeter 倾斜仪 01.756

time break 爆炸信号 03.168

time depth conversion 时深转换 03.240

time–distance curve 时距曲线 03.152

time [record] section 时间剖面 03.161

time–scale geomagnetic polarity [reversal] 地磁极性[反向]年表 01.546

time slice 时间切片 03.248

time–term 时间项 01.237

time–term method 时间项法 01.238

time–variable filtering 时变滤波 03.191

time variant scaling 时变比例 03.220

topographic correction 地形[影响]校正 03.027

top–side sounder 顶视探测仪 02.147

toroidal 环型 01.175

toroidal oscillation 环型振荡 01.176

torsional 扭转型 01.177

torsional oscillation 扭转型振荡 01.178

total electron content 电子总含量 02.155

total intensity of magnetic anomaly 总磁异常强度 03.062

total thermoremanent magnetization 总热剩磁 01.513

toward sector 向阳扇区 02.282

towed bird system 吊舱系统 03.130

towed boom 拖架 03.133

T phase T 震相 01.148

trace equalization 道间均衡 03.189

track detecter 径迹探测器 03.309

α–track etch survey α 径迹测量 03.308

transfer function 传递函数 01.234

transform fault 转换断层 01.409

transient creep 暂态蠕变 01.712

transiet field method 瞬变场法，＊过渡场法 03.118

transmission coefficient 透射系数 01.226

transmission matrix 透射矩阵 01.232

transverse wave 横波 01.127

travelling ionospheric disturbance 电离层行扰 02.149

travel time [地震波]走时 01.137

travel time curve 走时曲线 01.138

travel–time table 走时表 01.190

TRM 热剩磁 01.511

tropopause 对流层顶 02.003

troposphere 对流层 02.002

true height 真高 02.140

tsunami 海啸 01.057

tsunami earthquake 海啸地震 01.041

tunneling effect [of seismic wave] [地震波的]隧道效应 01.240

tunneling wave 隧道波 01.239

Turam method 多频振幅相位法，＊土拉姆法 03.117

turbopause 湍流层顶 02.035

turbosphere 湍流层 02.034

turbulence 湍流 02.088

turbulent diffusion 湍流扩散 02.090

turbulent dissipation 湍流耗散 02.091

turbulent exchange 湍流交换 02.092

turbulent mixing 湍流混合 02.093

turning point 转折点 01.241

tweak 吱声 02.239

twilight 曙暮光 02.094

T–X curve 时距曲线 03.152

U

ultrametamorphic water 超变质水 01.672

ultrasonic image logging 超声成象测井 03.275

unblocking field 解阻场 01.606

unblocking temperature 解阻温度 01.605

underthrust belt 俯冲带 01.415

underthrust zone 俯冲带 01.415

unified magnitude 统一震级 01.084

unilateral faulting 单侧断裂 01.286

uphole time 井口时间 03.169

upper atmosphere 高层大气 02.030

upper mantle 上地幔 01.398

up sweep 升频扫描 03.205

V

Van Allen belt 辐射带，＊范艾伦带 02.225
variable-frequency method 变频法 03.105
variometer 磁变仪 02.302
velocity filtering 速度滤波 03.192
velocity response spectrum 速度反应谱 01.378
Vening Meinesz isostasy 韦宁迈内兹均衡 01.460
Venus seismology 金星震学 01.012
vertical coaxial coils system 垂直同轴线圈系统 03.135
vertical coplanar coils system 垂直共面线圈系统 03.134
vertical seismic profiles survey 垂直地震测线法 03.295
vertical stacking 垂直叠加 03.186
very low frequency band radiated field system

甚低频带辐射场系统 03.136
very low frequency method 甚低频法 03.137
VGP 虚地磁极 01.480
virgin stress 初始应力 01.726
virtual geomagnetic pole 虚地磁极 01.480
virtual height 虚高 02.139
viscous remanence 粘滞剩磁 01.521
viscous remanent magnetization 粘滞剩磁 01.521
VLF method 甚低频法 03.137
volcanic earthquake 火山地震 01.029
volcanic water 火山水 01.670
volcano-geothermal region 火山地热区 01.692
VRM 粘滞剩磁 01.521
VSP survey 垂直地震测线法 03.295

W

WACDP 广角共深度点 03.247
Wadati diagram 和达图 01.141
water bottom event 海底波 03.178
wave equation migration 波动方程偏移 03.197
wavelet processing 子波处理 03.224
weighted stack 加权叠加 03.230
well fluid logging 井液测井，＊泥浆测井 03.291
well logging 测井 03.260
well shooting 地震测井 03.274
Wenner array 温纳排列 03.083
Wentzel-Kramers-Brillouin-Jeffreys method WKBJ 法 01.222
wet model 湿模式 01.346
whistler 哨声 02.235
wide angle common depth point 广角共深度点

03.247
wide-angle reflection 大角度反射 01.221
wide line profile 宽线剖面 03.199
Wiechert seismograph 维歇特地震仪 01.744
Willmore seismograph 威尔莫地震仪 01.745
wind shear 风切变 02.095
wing-tip system 翼梢系统 03.131
winter anomaly 冬季异常 02.108
within-sites precision 采点内精度 01.591
WKBJ method WKBJ 法 01.222
WKBJ [theoretical] seismogram WKBJ [理论]地震图 01.223
Wood-Anderson seismograph 伍德-安德森地震仪 01.746
World Wide Standard Seismograph Network 世界范围标准地震台网 01.772
WWSSN 世界范围标准地震台网 01.772

Y

Z

汉 英 索 引

A

阿尔文层　Alfvén layer　02.222

阿普尔顿异常　Appleton anomaly　02.106

＊埃达台网　International Deployment of Accelerograph Network, IDA Network　01.775

艾里-海斯卡宁均衡　Airy−Heiskanen isostasy　01.459

艾里震相　Airy phase　01.220

凹凸体[震源模式]　asperity [source model]　01.348

奥杜瓦伊事件　Olduvai event　01.571

B

百分频率效应　percent frequency effect　03.109

板间地热带　interplate geothermal belt　01.641

板间地震　interplate earthquake　01.423

板块[大地]构造学　plate tectonics　01.699

板块碰撞　plate collision　01.700

板内地热系统　intraplate geothermal system　01.645

板内地震　intraplate earthquake　01.424

板内火山　intraplate volcano　01.644

剥地球[法]　stripping the Earth　01.189

暴时变化　storm−time variation, Dst　02.200

爆发簇射　explosive shower　02.254

爆炸地震学　explosion seismology　01.004

爆炸信号　time break　03.168

爆炸震源　explosive source　03.141

北极光　aurora borealis　02.218

背阳扇区　away sector　02.281

贝尼奥夫带　Benioff zone　01.439

贝尼奥夫地震仪　Benioff seismograph　01.740

被动源[方]法　passive source method　03.019

鼻哨　nose whistler　02.236

彼得森电导率　Pederson conductivity　02.119

币形裂纹　penny−shaped crack　01.718

闭合回线场　closed loop field　03.114

闭锁断层　locked fault　01.333

变幅指数　range index　02.296

变频法　variable−frequency method　03.105

变质水　metamorphic water　01.673

＊JMA 表　Japan Meteorological Agency [ntensity] scale , JMA [intensity] scale　01.096

＊MM 表　modified Mercalli [intensity] scale, MM [intensity] scale　01.093

＊MSK 表　Medvedev−Sponheuer−Kaunik [intensity] scale, MSK [intensity] scale　01.094

＊RF 表　Rossi−Forel [intensity] scale　01.095

玻什-大森地震仪　Bosch−Omori seismograph　01.742

＊P 波　primary wave　01.121

＊Q 波　Love wave, Querwellen(德)　01.255

＊R 波　Rayleigh wave　01.256

＊S 波　secondary wave　01.126

[波的]转换　conversion [of waves]　01.157

波动方程偏移　wave equation migration　03.197

伯格反褶积　Burg deconvolution　03.227

伯克兰电流　Birkeland current　02.247

补偿深度　depth of compensation　01.461

补偿线性向量偶极　compensated linear vector dipole, CLVD　01.284

不变纬度　invariant latitude　02.191

布尔诺漂移　Brno excursion　01.585
布格校正　Bouguer reduction　01.432
布格异常　Bouguer anomaly　01.438
布莱克漂移　Blake excursion　01.584
布莱克事件　Blake event　01.568
布朗热改正　Browne correction　01.433

布利登指数　Briden index　01.526
布容期　Brunhes epoch　01.563
部分热剩磁　partial thermoremanent
　　magnetization, PTRM　01.512
部分无滞剩磁　partial ARM, PARM　01.523

C

采点间精度　between-sites precision　01.592
采点内精度　within-sites precision　01.591
侧击波　side swipe　03.177
侧面波　lateral wave　01.206
侧向测井　lateral logging　03.267
测点　survey station　03.029
γ测井　γ-ray logging　03.277
γ—γ测井　γ-γ logging　03.278
测井　logging, well logging　03.260
＊测井曲线　log　03.261
测井图　log　03.261
测量电极　potential electrode　03.081
测网　survey grid, network　03.031
测线　survey line, profile　03.030
测线束法　swath　03.243
测震学　seismometry　01.730
F1层　F1 layer　02.114
F2层　F2 layer　02.116
层面改正　bedding correction　01.589
层位拉平　horizon flattening　03.259
层状畴　lamellar domain　01.599
查普曼层　Chapman layer　02.105
查普曼生成函数　Chapman production
　function　02.117
产额函数　yield function　02.096
场向不规则结构　field-aligned irregularity
　　02.133
场向电流　field-aligned current　02.247
场[致]反向　field-reversal　01.545
长期变化　secular variation　02.197
超变质水　ultrametamorphic water　01.672
超导磁力仪　superconductive magnetometer,
　SQUID magnetometer　03.067
超导重力仪　superconductive gravimeter
　　03.058

超声成象测井　ultrasonic image logging
　　03.275
超压　overpressure　01.724
潮汐波　tidal wave　02.085
潮汐因子　tidal factor　01.471
潮汐运动　tidal motion　02.083
潮汐振荡　tidal oscillation　02.084
晨昏电场　dawn-dusk electric field　02.249
沉积后碎屑剩磁　post-depositional DRM
　　01.519
沉积剩磁　depositional remanent
　magnetization, DRM, depositional remanence
　　01.516
沉积碎屑剩磁　depositional DRM　01.518
赤道电集流　equatorial electrojet　02.306
赤道异常　equatorial anomaly　02.107
充电法　'mise-a-la-masse' method,
　excitation-at-the-mass method　03.100
臭氧层　ozonosphere　02.018
臭氧层顶　ozonopause　02.019
初定震中　Preliminary Determination of
　Epicenter, PDE　01.770
初动　first motion, first movement　01.194
初动近似　first motion approximation　01.195
初始参考地球模型　Preliminary Reference
　Earth Model, PREM　01.193
初始应力　initial stress, virgin stress　01.726
初相　initial phase　02.208
初至波　primary wave　01.121
传播矩阵　propogator matrix　01.231
传导热流　conductive heat flow　01.620
传递函数　transfer function　01.234
船载重力仪　shipboard gravimeter　03.056
垂线偏差　deflection of the vertical　01.472
垂直地震测线法　vertical seismic profiles

survey, VSP survey 03.295

垂直叠加 vertical stacking 03.186

垂直共面线圈系统 vertical coplanar coils system 03.134

垂直同轴线圈系统 vertical coaxial coils system 03.135

磁暴 magnetic storm 02.204

磁暴后效 after-effect of [magnetic] storm 02.104

磁北极 north magnetic pole 02.189

磁变仪 variometer 02.302

*磁测 geomagnetic survey 02.303

磁层 magnetosphere 02.027

磁层暴 magnetospheric storm 02.248

磁层顶 magnetopause 02.028

磁充电法 magnetic charging method 03.102

磁大地电流法 magnetotelluric method 03.122

磁地方时 magnetic local time 02.184

磁叠印 magnetic overprinting 01.509

磁法调查 magnetic survey 03.012

磁法勘探 magnetic prospecting 03.006

磁刚度 magnetic rigidity 02.257

磁钩扰 magnetic crochet 02.203

磁化率 susceptibility 01.496

磁化率测井 magnetic susceptibility logging 03.292

磁化率计 magnetic susceptibility meter 03.072

磁激发极化法 magnetic induced polarization method, MIP method 03.110

磁极归化 reduced to the magnetic pole 03.073

磁晶各向异性 magnetocrystalline anisotropy 01.607

磁静带 magnetic quiet zone 01.551

磁静日 magnetically quiet day, q 02.195

磁离子理论 magneto-ionic theory 02.109

磁力梯度仪 magnetic gradiometer 03.068

[磁]脉动 [magnetic] pulsation 02.233

磁南极 south magnetic pole 02.190

磁偶极时 magnetic dipole time 02.185

磁偏角 declination 02.173

磁鞘 magnetosheath 02.226

磁倾极 dip pole 02.183

磁倾角 inclination, dip angle 02.172

磁清洗 magnetic cleaning, magnetic washing 01.528

磁情记数 magnetic character figure 02.291

磁扰 magnetic disturbance 02.201

磁扰日 magnetically disturbed day, d 02.196

磁通门磁力仪 flux-gate magnetometer 03.065

磁图 magnetic chart 02.177

磁湾扰 magnetic bay 02.202

磁尾 magnetotail 02.227

磁性地层学 magnetostratigraphy, magnetic stratigraphy 01.541

磁亚暴 magnetic substorm 02.211

磁余纬 magnetic colatitude 01.483

磁源重力异常 gravity anomaly due to magnetic body, pseudogravity anomaly 03.074

磁照图 magnetogram 02.194

磁组构 magnetic fabric 01.608

磁坐标 magnetic coordinate 01.482

次生磁化[强度] secondary magnetization 01.498

次生剩磁 secondary remanent magnetization 01.506

措尔纳悬挂法 Zöllner suspension 01.780

D

大地电流法 telluric [current] method 03.121

大地热流 terrestrial heat flow 01.622

大地水准面 geoid 01.451

大地位 geopotential 01.446

大角度反射 wide-angle reflection 01.221

大孔径地震台阵 large-aperture seismic array, LASA 01.765

大陆板块 continental plate 01.408

大陆分裂 continental splitting 01.428

大陆扩张 continental spreading 01.703

大陆漂移　continental drift　01.429
大陆拼合　continental fitting　01.701
大陆重建　continental reconstruction　01.430
大气边界　atmospheric boundary　02.041
大气标高　atmosphere scale height　02.039
大气不透明度　atmospheric opacity　02.045
大气参数　atmospheric parameter　02.047
大气潮汐　atmospheric tide　02.082
大气窗　atmospheric window　02.052
大气簇射　air shower　02.250
大气辐射　atmospheric radiation　02.048
大气光学厚度　atmosphere optical thickness　02.038
大气结构　atmospheric structure　02.050
大气模式　atmospheric model　02.044
*大气水　meteoric water　01.674
大气涡度　atmospheric vorticity　02.051
大气吸收　atmospheric absorption　02.040
大气消光　atmospheric extinction　02.043
大气折射　atmospheric refraction　02.049
大气振荡　atmospheric oscillation　02.046
大气制动　atmospheric braking　02.042
大震　major earthquake　01.046
大震速报台网　Large Earthquake Prompt Report Network　01.776
单侧断裂　unilateral faulting　01.286
单畴颗粒　single domain particle　01.596
弹性回跳　elastic rebound　01.276
倒 V 事件　inverted-V event　02.243
倒转　retrograde　01.259
倒转检验　reversal test　01.536
岛弧地热带　island arc geothermal zone　01.640
导管　duct　02.240
导管传播　ducted propagation　02.241
导炸索　explosive cord　03.142
到时　arrival time　01.139
到时差　arrival time difference　01.140
道间均衡　trace equalization　03.189
德胡普变换　De Hoop transformation　01.218
等磁强线　isomagnetic line　02.179
等磁倾线　magnetic isoclinic line　02.176
等磁图　isomagnetic chart　02.178
等磁异常线　magnetic isoanomalous line 02.181
等地温面　geoisotherm, geotherm, isogeotherm　01.617
等离子体层　plasmasphere　02.024
等离子体层顶　plasmapause　02.025
等离子体片　plasmasheet　02.229
等离子体幔　plasma mantle　02.228
等年变线　isoporic line, isopore　02.180
等体积波　equivoluminal wave　01.129
等温层　isothermal layer　02.064
等温剩磁　isothermal remanent magnetization, IRM　01.520
等效电流系　equivalent current system　02.213
等压线　isopiestics　02.063
等震线　isoseismal line, isoseismal curve　01.098
等值线　contour line　03.034
等值线图　contour map　03.035
等值线图偏移　contour map migration　03.255
低层大气　lower atmosphere　02.032
低速层　low velocity layer, LVL　01.419
低速区　low velocity zone, LVZ　01.420
底视探测仪　bottom-side sounder　02.148
地表波　ground wave　01.144
地表地热显示　surface geothermal manifestation　01.646
地表热流　surface heat flow　01.623
地磁测量　geomagnetic survey　02.303
地磁极　geomagnetic pole　02.182
地磁极性反向　geomagnetic polarity reversal　01.543
地磁极性[反向]年表　time-scale geomagnetic polarity [reversal]　01.546
地磁年代学　geomagnetic chronology　01.542
地磁漂移　geomagnetic excursion　01.562
地磁[学]　geomagnetism　02.170
地磁指数　geomagnetic index　02.290
地磁轴　geomagnetic axis　01.479
地磁坐标　geomagnetic coordinate　01.481
地电断面　geoelectric cross section　03.098
地方震　local earthquake, local shock　01.042
地方震级　local magnitude　01.082

地光　earthquake light　01.363

地滚　ground roll　01.203

地壳　crust　01.395

地壳传递函数　crustal transfer function　01.213

地壳地震　crustal earthquake　01.038

地壳构造　Earth crust structure, crustal structure　01.404

地壳均衡[说]　isostasy　01.425

地壳形变　crustal deformation　01.369

地冕　geocorona　02.289

地面–井中方式　surface–borehole variant　03.298

地面查证　ground follow–up　03.028

地面运动　ground motion　01.382

地倾斜　earth tilt　01.364

地球　Earth　01.394

地球变平换算　Earth–flattening transformation　01.208

地球变平近似　Earth–flattening approximation　01.209

地球动力学　geodynamics　01.698

地球干涉量度学　terrestrial interferometry　01.165

地球模型　Earth model　01.207

[地球]内核　[Earth's] inner–core　01.402

地球谱学　terrestrial spectroscopy　01.164

[地球]外核　[Earth's] outer–core　01.403

地球温度计　geothermometer　01.694

地球物理测井　geophysical well–logging　03.017

地球物理勘探　geophysical exploration, geophysical prospecting　03.003

地球物理学　geophysics, physics of the Earth　01.393

地球物理异常　geophysical anomaly　03.020

地热　geoheat　01.612

地热调查　geothermal survey　03.016

地热活动　geothermal activity　01.614

地热勘探　geothermal prospecting　03.010

地热流体　geothermal fluid, geofluid　01.679

地热能　geothermal energy　01.677

地热水库　geothermal reservoir　01.690

地热田　geothermal field　01.686

地热系统　geothermal system　01.688

地热现象　geothermal phenomenon　01.613

地热学　geothermics　01.610

地热异常　geothermal anomaly　01.615

地热异常区　geothermally–anomalous area　01.616

地热资源　geothermal resources　01.678

地声　earthquake sound　01.362

地外震学　extra–terrestrial seismology　01.010

地温梯度　geothermal gradient　01.618

地下网格　subsurface grid　03.249

地形[影响]校正　terrain correction, topographic correction　03.027

地震　earthquake　01.024

地震标准层　seismic marker horizon, key bed　03.163

地震波　seismic wave, earthquake wave　01.120

[地震]波导　[seismic] wave guide　01.251

[地震波的]隧道效应　tunneling effect [of seismic wave]　01.240

地震波频散　seismic–wave dispersion　01.134

地震[波]走时　travel time　01.137

地震参数　seismic parameter　01.111

地震测井　well shooting　03.274

地震测深　seismic sounding　01.160

地震层位　seismic horizon　03.162

[地震]层析成象　[seismic] tomography　01.265

[地震]场地烈度　[seismic] site intensity　01.355

地震成因　cause of earthquake　01.275

地震触发器　seismic trigger　01.778

地震大小　earthquake size, shock size　01.080

地震带　seismic belt, belt of earthquakes　01.066

地震道　seismic channel　03.166

地震地质学　seismogeology　01.017

地震调查　seismic survey　03.014

地震定位　earthquake location　01.071

地震反射法　seismic reflection method　01.162

地震工程[学]　earthquake engineering　01.022

地震构造区　seismotectonic province　01.064

地震构造图　seismic structural map　03.196

地震构造学　seismotectonics　01.018

地震活动带　seismically active belt　01.115

地震活动区　seismically active zone　01.114

地震活动性　seismicity, seismic activity　01.062

地震活动性图象　seismicity pattern　01.361

地震机制　earthquake mechanism　01.274

地震计　seismometer　01.732

地震监测　seismic surveillance　01.357

[地震]检波器　geophone　03.165

地震警报　earthquake warning　01.352

地震矩　seismic moment　01.306

[地震]矩密度张量　[seismic] moment-density tensor　01.307

[地震]矩张量　[seismic] moment tensor　01.308

地震勘探　seismic prospecting　03.008

[地震勘探]暗点　dim spot　03.201

[地震勘探]道内动平衡　dynamic equalization　03.188

[地震勘探]亮点　bright spot　03.200

[地震勘探]平点　flat spot　03.202

地震空区　seismic gap　01.116

地震力　earthquake force　01.283

地震烈度　earthquake intensity, seismic intensity　01.091

地震轮回　seismic cycle　01.070

[地震]马赫数　[seismic] Mach number　01.305

地震面波　seismic surface wave　01.132

地震模型[学]　seismology model　01.023

地震目录　earthquake catalogue　01.067

地震能量　seismic energy　01.304

地震频度　earthquake frequency　01.097

地震破裂力学　earthquake rupture mechanics　01.312

地震迁移　earthquake migration　01.113

地震区　earthquake province, earthquake region, seismic zone　01.065

地震区划　seismic zoning, seismic regionalization　01.353

地震射线　seismic ray　01.152

地震社会学　seismosociology　01.019

地震数据预处理　seismic data preprocessing　03.214

地震台　seismic station　01.759

地震台网　seismic network　01.761

[地震]台阵　[seismic] array　01.763

地震体波　seismic body wave, bodily seismic wave　01.131

地震统计[学]　earthquake statistics　01.020

地震图　seismogram　01.060

地震危险区　earthquake-prone area　01.099

地震危险性　seismic risk, earthquake risk　01.365

地震位错　seismic dislocation, earthquake dislocation　01.269

地震吸收带　seismic absorption band　01.248

地震系列　earthquake series　01.069

地震相[勘探]　seismic facies　03.210

地震效率　seismic efficiency　01.309

地震序列　earthquake sequence, seismic sequence　01.068

地震学　seismology　01.002

地震研究观测台　Seismic Research Observatory, SRO　01.771

地震仪　seismograph　01.733

[地震]应力降　[seismic] stress drop　01.321

地震预报　earthquake forecasting　01.351

地震预测　earthquake prediction　01.350

地震预防　earthquake prevention　01.392

地震载荷　earthquake loading　01.373

* 地震站　seismic station　01.759

地震折射法　seismic refraction method　01.161

[地震]震相　[seismic] phase　01.145

地震重复率　earthquake recurrence rate　01.100

地震周期　earthquake period　01.102

地震周期性　earthquake periodicity　01.101

地震子波　seismic wavelet　03.155

地质雷达　geological radar　03.123

地幔　mantle　01.397

地幔对流　mantle convection　01.702

地幔对流环　mantle convection cell　01.634

地幔热流　mantle heat flow　01.624

地幔焰　mantle plume　01.633

* 地幔柱　mantle plume　01.633

第三期蠕变　tertiary creep　01.714

电测井　electrical logging　03.262
电测深　electrical sounding　03.093
电磁法　electromagnetic method　03.112
电磁感应法　electromagnetic induction method 03.113
电磁脉冲震源　electromagnetic vibration exciter　03.144
电磁式地震仪　electromagnetic seismograph 01.734
电导率测井　conductivity logging　03.264
电法调查　electrical survey　03.013
电法勘探　electrical prospecting　03.007
电极电位测井　electrode potential logging 03.271
电极排列　electrode array　03.082
电集流　electrojet　02.304
电离层　ionosphere　02.022
电离层暴　ionospheric storm　02.137
电离层测高仪　ionosonde　02.138
电离层顶　ionopause　02.023
电离层行扰　travelling ionospheric disturbance, TID　02.149
电离图　ionogram　02.142
电子总含量　total electron content, TEC 02.155
电阻率测井　resistivity logging　03.263
电阻率法　resistivity method　03.078
电阻率剖面法　resistivity profiling　03.088
吊舱系统　towed bird system　03.130
叠合解释　overlay interpretation　03.258
叠后偏移　poststack migration　03.237
叠加　stacking　01.250
叠加剖面图　stacked profiles map　03.040
叠加速度　stacking velocity　03.193
叠前偏移　prestack migration　03.236
顶视探测仪　top-side sounder　02.147
定源场　fixed source field　03.124
定源法　fixed source method　03.125
冬季异常　winter anomaly　02.108
氡气测量　radon survey　03.307

动态范围　dynamic range　01.752
动态机械放大倍数　dynamical mechanical magnification　01.751
动校正　normal moveout correction, NMO correction　03.158
动源法　moving source method　03.126
短棒图　stick plot　03.301
[短波]频率急偏　sudden frequency deviation, SFD　02.151
[短波通讯]中断　fadeout, blackout　02.129
短波突然衰落　short wave fadeout, SWF 02.150
断层地震　fault earthquake　01.037
断层面解　fault-plane solution　01.272
断层[作用]　faulting　01.334
断面　section　03.037
断面图　section map　03.039
对称剖面法　symmetrical profiling　03.090
对称四极测深　symmetrical four-pole sounding　03.094
对称振型　symmetrical mode　01.260
对流层　troposphere　02.002
对流层顶　tropopause　02.003
对流环　convection cell　01.440
对流热流　convective heat flow　01.621
对日照　Gegenschein (德)　02.287
多畴颗粒　multidomain grain　01.597
多畴热剩磁　multidomain thermal remanence 01.598
多次反射　multiple reflection　01.186
多次覆盖　multiple coverage　03.183
多道地震仪　multichannel seismic instrument 03.212
多路编排　multiplex　03.211
多路解编　demultiplex　03.215
多频振幅相位法　multiple frequency amplitude-phase method, Turam method 03.117
多重地震　multiple earthquake　01.332

E

俄歇簇射　Auger shower　02.252
* 厄缶改正　Eötvös correction　01.434

厄特沃什改正　Eötvös correction　01.434

F

发电机区　dynamo region　02.126

发散带　divergence zone, divergence belt　01.417

发震时刻　origin time　01.072

* 发震应力　earthquake-generating stress　01.358

WKBJ 法　Wentzel-Kramers-Brillouin-Jeffreys method, WKBJ method　01.222

τ 法　τ method　01.236

法拉第旋转　Faraday rotation　02.132

法律地震学　forensic seismology　01.016

反对称振型　antisymmetrical mode　01.261

反频散　inverse dispersion　01.136

反平面剪切裂纹　anti-plane shear crack　01.327

反山根　antiroot　01.427

反射地震学　reflection seismology　01.014

反射矩阵　reflection matrix　01.233

反射率法　reflectivity method　01.228

反射系数　reflection coefficient　01.225

反向极性　reversed polarity　01.549

反照电子　albedo electron　02.269

反照中子　albedo neutron　02.268

* 范艾伦带　radiation belt, Van Allen belt　02.225

方向性　directivity　01.335

方向性函数　directivity function　01.336

放射性测井　radioactivity logging　03.276

放射性调查　radioactivity survey　03.015

放射性勘探　radioactivity prospecting　03.009

放射性示踪测井　radioactive tracer logging　03.289

非火山地热区　nonvolcanic geothermal region　01.693

非均匀层　heterosphere　02.014

非矿异常　non-ore anomaly　03.022

非偏移吸收　non-deviative absorption　02.103

非线性扫描　non-linear sweep　03.207

非相干散射雷达　incoherent scattering radar　02.136

非寻常波　extraordinary wave　02.131

非炸药震源　non-explosive source　03.143

沸泥塘　boiling mud pool　01.655

沸泉　boiling spring　01.654

分裂参数　splitting parameter　01.181

峰值加速度　peak acceleration　01.386

峰值速度　peak velocity　01.385

峰值位移　peak displacement　01.384

风切变　wind shear　02.095

风琴管振型　organ-pipe mode　01.179

辐射传输　radiative transfer　02.078

辐射带　radiation belt, Van Allen belt　.02.225

辐射冷却　radiation cooling　02.077

辐射收支　radiation budget　02.076

辐射图型　radiation pattern　01.281

浮力频率　buoyancy frequency　02.110

福布什下降　Forbush decrease　02.265

俯冲带　underthrust zone, underthrust belt　01.415

复电阻率法　complex resistivity method　03.111

复合辐射　recombination radiation　02.079

负异常　negative anomaly　03.026

附加位　additional potential　01.464

G

盖层压力　overburden pressure　01.721

干模式　dry model　01.345

干热岩体　hot dry rock　01.691

感应测井　induction logging　03.268

感应脉冲瞬变法　induced pulse transient method, INPUT method　03.119

高层大气　upper atmosphere　02.030

高阶振型　higher mode　01.169

高空大气学　aeronomy　02.101
高斯波束　Gaussian beam　01.224
高斯期　Gauss epoch　01.565
格拉芬堡台阵　Graefenberg array　01.764
格拉姆磁间段　Graham magnetic interval 01.553
工程地震[学]　engineering seismology　01.021
供电电极　current electrode　03.080
共大地水准面　co-geoid　01.452
共深度点叠加　common-depth-point stacking, CDP stacking　03.184
共深度点网格　common depth point grid, CDP grid　03.250
共中心点叠加　common mid-point stacking 03.185
[构造]板块　[tectonic] plate　01.407
构造地震　tectonic earthquake　01.027
构造物理学　tectonophysics　01.697
构造应力　tectonic stress　01.322
古地磁场　palaeomagnetic field　01.476
古地磁赤道　palaeogeomagnetic equator 01.491
古地磁方向　palaeomagnetic direction 01.477
古地磁极　palaeomagnetic pole　01.478
古地磁强度　palaeogeomagnetic intensity 01.492
古地磁[学]　palaeomagnetism　01.474
古地热系统　fossil geothermal system, ancient geothermal system　01.689
古地热学　palaeogeothermics　01.611
古经度　palaeolongitude　01.490
古水　fossil water　01.675
古纬度　palaeolatitude　01.489
固体潮　[solid] Earth tide　01.467
固体地球物理学　solid Earth geophysics 01.001

拐角频率　corner frequency　01.320
观测系统　layout, recording geometry　03.175
光泵磁力仪　optical pump magnetometer 03.066
光致电离　photoionization　02.071
光致复合　photo-recombination　02.073
光致激发　photo-excitation　02.072
光致离解　photodissociation　02.070
光致脱离　photodetachment　02.069
广角共深度点　wide angle common depth point, WACDP　03.247
广延相干簇射　extensive coherent shower 02.251
广义射线　generalized ray　01.196
广义射线理论　generalized ray theory, GRT 01.197
归一化重力总梯度　normalized total gravity gradient　03.052
国际参考大气　international reference atmosphere　02.062
国际参考地磁场　international geomagnetic reference field　02.074
国际参考电离层　international reference ionosphere　02.075
国际磁情记数　international magnetic character figure　02.293
国际地球物理年　International Geophysical Year, IGY　01.767
国际地震汇编　International Seismological Summary, ISS　01.769
国际地震中心　International Seismological Center, ISC　01.768
国际加速度计部署台网　International Deployment of Accelerometers Network, IDA Network　01.775
＊过渡场法　transiet field method　03.118

H

哈拉米略事件　Jalamillo event　01.569
哈朗间断　Harang discontinuity　02.134
海底波　water bottom event　03.178
海底地震仪　submarine seismograph,

　　ocean-bottom seismograph　01.738
海底扩张　sea floor spreading　01.410
海下地震　submarine earthquake　01.040
海啸　tsunami, tidal wave, seismic sea wave

01.057

海啸地震　tsunami earthquake　01.041

海洋地震拖缆　streamer　03.170

海洋重力测量　gravity measurement at sea　01.454

海洋重力仪　sea gravimeter　03.057

海震　sea-quake, sea shock　01.056

τ 函数　τ function　01.235

航迹恢复　flight-path recovery　03.045

航空磁测　aeromagnetic survey　03.076

航空电磁法　airborne electromagnetic method, AEM method　03.127

航空电磁系统　airborne electromagnetic system, AEM system　03.128

航空放射性测量　airborne radioactivity survey　03.305

航空重力测量　aerial gravity measurement, airborne gravity measurement　03.047

航空重力仪　airborne gravimeter　03.055

核-幔边界　core-mantle boundary, CMB　01.400

核-幔耦合　core-mantle coupling　01.401

和达图　Wadati diagram　01.141

合成地震图　synthetical seismogram　01.201

合声　chorus　02.237

横波　transverse wave　01.127

横波型面波　surface S wave　01.245

横向[电]测井　electrical lateral curve logging　03.265

[恒]星际空间　interstellar space　02.161

烘烤接触检验　baked contact test　01.538

宏观地震资料　macroseismic data　01.090

湖震　seismic seiche　01.055

互换点　interlocking point　03.172

花样叠加　diversity stack　03.208

"花园门"悬挂法　"garden gate" suspension

01.781

滑动函数　slip function　01.310

滑动角　rake　01.331

滑动接触法测井　scratcher electrode logging　03.272

滑动向量　slip vector　01.325

化石磁化[强度]　fossil magnetization　01.502

化学层　chemosphere　02.016

化学层顶　chemopause　02.017

化学地球温度计　chemical geothermometer　01.695

化学清洗　chemical cleaning　01.531

化学剩磁　chemical remanent magnetization, CRM　01.514

环电流　ring current　02.245

环型　toroidal　01.175

环型振荡　toroidal oscillation　01.176

环形测深　loop-shaped sounding　03.096

缓始　emersio, e (拉)　01.147

缓始磁暴　gradual commencement [magnetic] storm　02.205

恢复相　recovery phase　02.210

回转波　reverse branch　03.179

汇聚带　convergence zone, convergence belt　01.416

汇聚型地热带　convergent-type geothermal belt　01.642

混波器　mixer　03.182

混合改正　complex correction　03.071

火山地热区　volcano-geothermal region　01.692

火山地震　volcanic earthquake　01.029

火山水　volcanic water　01.670

火星震　Marsquake　01.026

霍尔电导率　Hall conductivity　02.120

J

基点　base station　03.032

基尔霍夫积分偏移　Kirchhoff integration migration　03.222

基线飞行　base-line flying　03.077

基亚曼间段　Kiaman interval　01.579

基准点　fiducial point　03.033

基准面静校正　datum static correction　03.217

基准台　standard station　01.760

机械剩磁　mechanical remanence　01.525

激发极化测深　sounding of induced polarization　03.104

激发极化法　induced polarization method, IP method　03.103

吉尔伯特[反极性]期　Gilbert [reversed polarity] epoch　01.566

吉尔绍事件　Gilsa event　01.570

极风　polar wind　02.244

极盖吸收　polar cap absorption, PCA　02.143

极光　aurora　02.216

极光带　auroral belt　02.220

极光带电集流　auroral electrojet　02.305

极光卵形环　auroral oval　02.219

极光千米波辐射　auroral kilometric radiation, AKR　02.242

极隙　cleft, cusp　02.223

极相漂移　polar phase shift　01.166

极型　poloidal　01.171

极型振荡　poloidal oscillation　01.172

极性超代　polarity superchron　01.558

极性过渡　polarity transition　01.561

极性间段　polarity interval　01.552

极性年代　polarity chron　01.556

极性年代测定　polarity dating　01.547

极性偏向　polarity bias　01.559

极性期　polarity epoch　01.554

极性事件　polarity event　01.555

极性序列　polarity sequence　01.560

极性亚代　polarity subchron　01.557

极移　polar wander, polar shift　01.484

极移路径　polar-wander path, PWP　01.486

极移曲线　polar-wander curve　01.487

极震区　meizoseismal area　01.089

急始　sudden commencement　02.207

急始磁暴　sudden commencement [magnetic] storm　02.206

级联簇射　cascade shower　02.253

级联偏移　cascade migration　03.238

几何扩散　geometric spreading　01.202

寂静地震　silent earthquake　01.319

加利津地震仪　Galitzin seismograph　01.741

加权叠加　weighted stack　03.230

加速度反应谱　acceleration response spectrum　01.379

加速度计　accelerometer　01.747

加速度仪　accelerograph　01.748

假捕获粒子　pseudo-trapped particle　02.224

假余震　pseudo-aftershock　01.051

监视记录　monitor record　03.167

尖点　cusp　01.215

20°间断　20° discontinuity　01.142

间歇泉　geyser, intermittent spring　01.647

间歇泉区　geyserland　01.648

[检波器]排列　spread　03.174

简正振型　normal mode　01.167

剪切波　shear wave　01.128

剪切熔融　shear melting　01.422

剪切位错　shear dislocation　01.288

[剪切耦合]PL波　[shear coupled] PL waves　01.243

箭头图　arrow plot　03.303

渐近经度　asymptotic longitude　02.256

渐近纬度　asymptotic latitude　02.255

建造平均方向　formation mean direction　01.594

降频扫描　down sweep　03.206

交变场清洗　alternating field cleaning, AF cleaning　01.529

交叉调制　cross-modulation　02.154

交流退磁　alternating current demagnetization, AC demagnetization　01.527

角视立体图　corner cube display　03.256

接触激发极化法　contact induced polarization method　03.108

接收点静校正　receiver statics　03.219

截止刚度　cut-off rigidity　02.258

节面　nodal plane　01.295

杰弗里斯-布伦走时表　Jeffreys-Bullen travel time table, Jeffreys-Bullen seismological table, JB table　01.191

结晶剩磁　crystallization remanent magnetization, crystallization remanence　01.515

解阻场　unblocking field　01.606

解阻温度　unblocking temperature　01.605

解耦　decoupling　01.211

* M界面　Mohorovičić discontinuity, M discontinuty, Moho　01.396

界面波　boundary wave　01.154
界面速度　boundary velocity　01.153
介电测井　dielectric logging　03.269
介子望远镜　meson telescope　02.270
金星震学　Venus seismology　01.012
近场　near-field　01.182
近场地震学　near-field seismology　01.008
近震　near earthquake　01.045
劲度　stiffness　01.709
K[精度]参数　K [precision] parameter　01.593
井径测井　caliper survey　03.294
井口时间　uphole time　03.169
井液测井　well fluid logging, mud logging　03.291
井中-地面方式　borehole-surface variant　03.299
井中电视　borehole televiewer　03.296

井中-井中方式　borehole-borehole variant　03.300
井中摄影　borehole photo　03.297
静态机械放大倍数　statical mechanical magnification　01.750
静校正　static correction, statics　03.157
α 径迹测量　α-track etch survey　03.308
径迹探测器　track detecter　03.309
径向振荡　radial oscillation　01.170
局部异常　local anomaly　03.023
矩震级　moment magnitude　01.087
绝对重力测量　absolute gravity measurement　01.455
绝对重力仪　absolute gravimeter　03.060
均衡异常　isostatic anomaly　01.437
均匀层　homosphere　02.012
均匀层顶　homopause　02.013

K

卡埃纳事件　Kaena event　01.573
卡尼亚尔-德胡普法　Cagniard-De Hoop method, Cagniard-De Hoop technique　01.217
卡尼亚尔法　Cagniard method　01.216
勘探地球物理[学]　exploration geophysics　03.002
勘探地震学　exploration seismology　01.005
康拉德界面　Conrad discontinuity, Conrad interface　01.705
抗震　earthquake-proof, shock resistant　01.391
抗震结构　earthquake-resistant structure　01.389
考古地磁[学]　archaeomagnetism　01.475
柯林电导率　Cowling conductivity　02.118
蝌蚪图　tadpole plot　03.302
科奇蒂事件　Cochiti event　01.575

壳下地震　subcrustal earthquake　01.039
可控源地震学　controlled source seismology　01.006
可控震源　controlled source　03.147
空间物理　space physics　02.163
空间物理学　space physics　02.001
空气波　air wave　01.219
空气枪[震源]　air gun　03.146
空气耦合瑞利波　air-coupled Rayleigh wave　01.257
宽线剖面　wide line profile　03.199
矿异常　ore anomaly　03.021
扩展 F　spread F　02.145
扩展地震剖面法　extended seismic profiling, ESP　03.246
扩张极　pole of spreading　01.411
扩张[速]率　spreading rate　01.704

L

拉科斯特悬挂法　LaCoste suspension　01.782
拉尚漂移　Laschamp excursion　01.583
拉尚事件　Laschamp event　01.567

勒夫波　Love wave, Querwellen (德)　01.255
勒夫数　Love's number　01.469
MST 雷达　MST radar　02.100

累积持续时间　cumulative duration　01.375

冷泉　cold spring　01.662

冷焰　cold plume　01.632

离解性复合　dissociative recombination　02.125

离散波数法　discrete wavenumber method, DW method　01.229

离散波数有限元法　discrete wavenumber / finite element method, DWFE method　01.230

离源初动　anaseismic onset　01.279

离源角　take-off angle　01.293

离源震　anaseism　01.277

WKBJ[理论]地震图　WKBJ [theoretical] seismogram　01.223

理论地震图　theoretical seismogram　01.200

里氏震级　Richter magnitude　01.083

砾石检验　conglomerate test　01.537

历史地震　historical earthquake　01.033

历史地震学　historical seismology　01.003

联合剖面法　composite profiling method　03.089

联合震源定位　joint hypocentral determination 01.109

联络测线　crossline　03.245

连结点　tie point　03.173

凉泉　cool spring　01.661

烈度表　intensity scale　01.092

临界频率　critical frequency　02.124

零长弹簧　zero-initial-length spring　01.779

零偏线　agonic line　02.174

零频地震学　zero-frequency seismology　01.007

零倾线　aclinic line　02.175

零向量　null vector, N-axis, B-axis　01.298

硫化氢气孔　putizze　01.658

硫质气孔　solfatara　01.657

留尼旺事件　Reunion event　01.572

流变性侵入体　rheological intrusion　01.637

流星雷达　meteor radar　02.065

流星余迹　meteor trail　02.066

* 陆潮　[solid] Earth tide　01.467

螺型位错　screw dislocation　01.291

罗西-福勒[烈度]表　Rossi-Forel [intensity] scale　01.095

M

马默思事件　Mammoth event　01.574

麦德维捷夫-施蓬霍伊尔-卡尔尼克[烈度]表　Medvedev-Sponheuer-Karnik [intensity] scale, MSK [intensity] scale　01.094

脉冲反褶积　spike deconvolution　03.225

脉动　microseism　01.058

脉动暴　microseismic storm　01.059

慢度　slowness　01.246

慢度法　slowness method　01.247

盲区　blind zone　03.148

冒汽地面　steaming ground, fumarolic field　01.653

蒙戈湖漂移　Mungo Lake excursion　01.587

米尔恩-萧地震仪　Milne-Shaw seismograph　01.739

密度测井　density logging　03.280

幂次律蠕变　power-law creep　01.715

晃流　coronal streamer　02.288

面波震级　surface wave magnitude　01.086

鸣震　ringing　03.176

莫霍[洛维契奇]界面　Mohorovičić discontinuity, M discontinuity, Moho　01.396

莫诺湖漂移　Mono Lake excursion　01.586

默坎顿[磁]间段　Mercanton [magnetic] interval　01.580

N

钠层　sodium layer　02.015

南极光　aurora australis　02.217

内生蒸汽　endogenous steam　01.676

内源场　internal field　02.214

能谱测井 spectral logging 03.286
γ能谱仪 γ spectrometer 03.304
＊泥浆测井 well fluid logging, mud logging 03.291
泥泉 mud spring 01.663
拟断面图 pseudosection map 03.099
逆温层 inversion layer 02.033

粘滑 stick slip 01.729
粘滞剩磁 viscous remanent magnetization, VRM, viscous remanence 01.521
扭转型 torsional 01.177
扭转型振荡 torsional oscillation 01.178
努尼瓦克事件 Nunivak event 01.576

O

偶极测深 dipole electrode sounding 03.095
偶极排列 dipole electrode array, dipole-dipole array 03.086

偶极排列法 dipole-dipole array method 03.092
偶极子坐标 dipole coordinate 02.187

P

帕特森反向 Paterson reversal 01.581
排列系数 array factor 03.087
炮点静校正 shoot statics 03.218
炮检距 shot-geophone distance, offset 03.159
喷气孔 fumarole 01.651
膨胀 dilatancy 01.342
膨胀波 dilatational wave 01.124
膨胀-扩散模式 dilatancy-diffusion model, DD model 01.343
膨胀相 expansive phase 02.212
膨胀仪 dilatometer 01.758
膨胀硬化 dilatancy hardening 01.344
偏心偶极子 eccentric dipole 02.193
偏移 migration 03.194
偏移距 offset 03.160
偏移速度 migration velocity 03.254
偏移速度分析 migration velocity analysis 03.195
偏移吸收 deviative absorption 02.102
频率波数偏移 frequency-wavenumber migration, F-W migration 03.223

频率测深法 frequency sounding method 03.120
频谱激发极化法 spectral induced polarization method 03.106
频散波 dispersion wave 02.054
平层近似 flat-layer approximation 01.199
平衡潮 equilibrium tide 01.465
平流层 stratosphere 02.004
平流层顶 stratopause 02.005
平面剪切裂纹 in-plane shear crack 01.326
破坏准则 failure criterion 01.727
破裂长度 rupture length 01.316
破裂传播 rupture propagation 01.318
破裂过程 rupture process 01.317
破裂前沿 rupture front 01.315
破裂准则 fracture criterion 01.313
剖面 profile 03.036
剖面图 profile map 03.038
普拉特-海福德均衡 Pratt-Hayford isostasy 01.458
普雷斯-尤因地震仪 Press-Ewing seismograph 01.743

Q

起始相 starting phase 01.299
气爆震源 gas exploder 03.145
气辉 airglow 02.099

气压层 barosphere 02.036
气压层顶 baropause 02.037
汽孔 steam vent 01.656

R

双极扩散　ambipolar diffusion　02.156

双重核共振磁力仪　double nuclear resonance magnetometer, Overhauser magnetometer　03.064

水库诱发地震　reservoir-induced earthquake　01.032

水平回线法　horizontal loop method, HLEM　03.115

水热爆炸　hydrothermal explosion　01.650

水热对流系统　hydrothermal convection system　01.682

水热活动　hydrothermal activity　01.680

水热矿化　hydrothermal mineralization　01.666

水热喷发　hydrothermal eruption　01.649

水热区　hydrothermal area　01.684

水热蚀变　hydrothermal alteration　01.665

水热田　hydrothermal field　01.687

水热系统　hydrothermal system　01.683

水热循环　hydrothermal circulation　01.681

水热资源　hydrothermal resources　01.685

水压致裂　hydrofracturing　01.716

瞬变场法　transiet field method　03.118

斯特默长度　Störmer length　02.275

斯特默锥　Störmer cone　02.274

斯通莱波　Stoneley wave　01.244

斯韦劳事件　Thvera event　01.578

嘶声　hiss　02.238

松弛源　relaxation source　01.330

松山期　Matuyama epoch　01.564

速度反应谱　velocity response spectrum　01.378

速度滤波　velocity filtering　03.192

碎屑磁颗粒　detrital magnetic particle　01.600

碎屑剩磁　detrital remanent magnetization, DRM, detrital remanence　01.517

隧道波　tunneling wave　01.239

T

台湾强地动一号台阵　Strong Motion Array in Taiwan Number 1, SMART 1　01.766

太阳潮　solar tide　02.087

太阳电子事件　solar electron event　02.272

太阳风　solar wind　02.276

太阳罗盘　sun compass　01.493

太阳日变化　solar daily variation, S　02.198

太阳微粒发射　solar corpuscular emission　02.277

太阳宇宙线　solar cosmic ray　02.262

太阳质子事件　solar proton event　02.271

太阴潮　lunar tide　02.086

坍塌检验　slump test　01.540

碳酸气孔　mofette　01.659

碳酸泉　carbonated spring　01.664

探空火箭　sounding rocket　02.081

探空气球　sounding balloon　02.080

汤姆森-哈斯克尔矩阵法　Thomson-Haskell matrix methord　01.227

套芯钻　overcoring　01.722

特征波　characteristic wave　02.153

梯度风　gradient wind　02.057

体波震级　body wave magnitude　01.085

天然剩磁　natural remanent magnetization, NRM, natural remanence　01.503

[天然]音频磁场法　audio frequency magnetic field method, AFMAG　03.139

跳距　skip distance　02.158

烃类检测　hydrocarbon indicator, HCI　03.204

停止相　stopping phase　01.300

通道波　channel wave　01.212

同态反褶积　homomorphic deconvolution　03.228

同位素测井　radioisotope logging　03.288

同位素地球温度计　isotopic geothermometer　01.696

同震的　co-seismic　01.371

统一震级　unified magnitude　01.084

透射矩阵　transmission matrix　01.232

透射系数　transmission coefficient　01.226

突发电离层骚扰　sudden ionospheric disturbance, SID　02.144

突发相　breakout phase　01.301

突发相位异常 sudden phase anomaly, SPA 02.152

*土拉姆法 multiple frequency amplitude-phase method, Turam method 03.117

湍流 turbulence 02.088

湍流层 turbosphere 02.034

湍流层顶 turbopause 02.035

湍流耗散 turbulent dissipation 02.091

湍流混合 turbulent mixing 02.093

湍流交换 turbulent exchange 02.092

湍流扩散 turbulent diffusion 02.090

湍流谱 spectrum of turbulence 02.089

拖架 towed boom 03.133

椭率改正 ellipticity correction 01.435

W

外层空间 outer space 02.159

外源场 external field 02.215

网格单元 grid cell [bin] 03.253

威尔莫地震仪 Willmore seismograph 01.745

微电极测井 micrologging, microresistivity logging 03.266

微粒食 corpuscular eclipse 02.278

微脉动 micropulsation 02.234

微震 microearthquake 01.054

微震仪 microvibrograph 01.736

微重力测量学 microgravimetry 01.473

韦宁迈内兹均衡 Vening Meinesz isostasy 01.460

围压 confining pressure 01.349

维歇特地震仪 Wiechert seismograph 01.744

伪加速度反应谱 pseudo-acceleration response spectrum 01.381

伪速度反应谱 pseudo-velocity response spectrum 01.380

尾波 coda, cauda (拉) 01.159

尾刺系统 tail stinger system 03.132

纬度校正 latitude correction 03.053

纬向风 zonal wind 02.098

纬向环流 zonal circulation 02.097

位场延拓 continuation of potential field 03.044

位移反应谱 displacement response spectrum 01.377

温度测井 temperature logging 03.290

温纳排列 Wenner array 03.083

稳态蠕变 steady state creep 01.713

无磁场空间 [magnetic] field-free space 01.535

无定向磁强计 astatic magnetometer 03.069

无线电相位法 radio-phase method 03.138

无旋波 irrotational wave 01.125

无震带 aseismic belt 01.118

无震滑动 aseismic slip 01.119

无震区 aseismic zone 01.117

无滞剩磁 anhysteretic remanent magnetization, ARM 01.522

伍德-安德森地震仪 Wood-Anderson seismograph 01.746

*物探 geophysical exploration, geophysical prospecting 03.003

X

西杜杰尔事件 Sidutjall event 01.577

下地幔 lower mantle 01.399

陷落地震 collapse earthquake 01.028

相对振幅保持 relative amplitude preserve) 03.203

相对重力测量 relative gravity measurement 01.456

相干叠加 coherence stack 03.232

相干加强 coherence emphasis 03.190

相速度 phase velocity 01.150

相位激发极化法 phase induced polarization method 03.107

向阳扇区 toward sector 02.282

向源初动 kataseismic onset 01.280

向源震 kataseism 01.278

消减 subduction 01.413

消减带　subduction zone, subduction belt　01.414

消减型地热带　subduction-type geothermal belt　01.639

消减[噪声]　mute　03.187

消散波　evanescent wave　02.127

消振　shock absorption　01.390

小区划　microzonation, microregionalization　01.354

谐波简正振型　overtone normal mode　01.168

泄漏振型　leaky mode, leaking mode　01.188

行星际尘埃　interplanetary dust　02.283

行星际磁场　interplanetary magnetic field, IMF　02.230

行星际激波　interplanetary shock　02.286

行星际间断　interplanetary discontinuity　02.284

行星际空间　interplanetary space　02.160

行星际闪烁　interplanetary scintillation　02.285

行星震学　planetary seismology　01.011

修订的麦卡利[烈度]表　modified Mercalli [intensity] scale, MM [intensity] scale　01.093

修正地磁坐标　corrected geomagnetic coordinate　02.188

虚地磁极　virtual geomagnetic pole, VGP　01.480

虚反射　ghost reflection　01.204

虚高　virtual height　02.139

虚实分量法　imaginary-real component method　03.116

续至波　secondary wave　01.126

旋转波　rotational wave　01.130

旋转磁强计　spinner magnetometer　03.070

旋转剩磁　rotational remanence, rotational remanent magnetization, RRM　01.524

选择 $\gamma-\gamma$ 测井　selective $\gamma-\gamma$ logging　03.281

熏烟纸记录图　smoked paper record　01.777

循环磁化[强度]　cyclic magnetization　01.500

寻常波　ordinary wave　02.130

Y

压磁效应　piezo-magnetic effect　01.717

压力轴　pressure axis, P-axis　01.296

压剩磁　piezo-remanent magnetization, PRM, piezo-remanence　01.510

压缩波　compressional wave　01.123

亚极光带　subauroral zone　02.221

岩爆　rock burst　01.706

岩浆房　magmatic chamber, magmatic pocket　01.636

岩浆环流　magmatic circulation　01.635

岩浆水　magmatic water　01.671

岩石层　lithosphere　01.405

岩石磁性　rock magnetism　01.595

* 岩石圈　lithosphere　01.405

延伸距离　extended distance　01.294

延时组合　beam steering　03.234

验震器　seismoscope　01.731

洋底喷气孔　submarine fumarole　01.652

洋底热泉　submarine hot spring　01.660

洋脊型地震　ridge-type earthquake　01.412

洋中脊　mid-ocean ridge　01.418

遥测地震台网　telemetered seismic network　01.762

遥测地震仪　telemetric seismic instrument　03.213

夜光云　noctilucent cloud　02.067

夜间辐射　nocturnal radiation　02.068

液核　liquid core　01.421

一跳传播　one-hop propagation　02.166

伊勒瓦拉反向　Illawarra reversal　01.582

逸散层　exosphere　02.010

逸散层底　exobase　02.011

翼梢系统　wing-tip system　03.131

* 因普特法　induced pulse transient method, INPUT method　03.119

银河宇宙线　galactic cosmic ray　02.263

引潮力　tide-generating force　01.462

引潮位　tide-generating potential　01.463

引力潮　gravitational tide　02.058

引震应力　earthquake-generating stress　01.358

应变积累　strain accumulation　01.725

应变阶跃　strain step　01.302

应变仪　strainmeter　01.754

应力过量　stress glut　01.303

应力迹线　stress trajectory　01.710

应力解除　stress relief　01.723

应力位错　stress dislocation　01.328

应力仪　stressmeter　01.755

应用地球物理[学]　applied geophysics　03.001

应用地震学　applied seismology　01.009

影区　shadow zone　01.249

硬架系统　rigid frame system, rigid boom system　03.129

有感地震　felt earthquake　01.044

有限差分偏移　finite difference migration　03.221

有限性变换　finiteness transform　01.339

有限性校正　finiteness correction　01.338

有限性因子　finiteness factor　01.337

有限移动源　finite moving source　01.329

有效波　effective wave　03.151

有效大气透射　effective atmospheric transmission　02.053

有效峰值加速度　effective peak acceleration, EPA　01.388

有效峰值速度　effective peak velocity, EPV　01.387

有效应力　effective stress　01.323

诱发地震　induced earthquake　01.031

诱发地震活动性　induced seismicity　01.063

余震　aftershock　01.050

雨水　meteoric water　01.674

宇宙背景辐射　cosmic background radiation　02.261

宇宙射电噪声　cosmic radio noise　02.122

宇宙线暴　cosmic ray storm　02.264

宇宙线赤道　cosmic-ray equator　02.260

宇宙线丰度　cosmic ray abundance　02.273

宇宙线集流　cosmic ray jet　02.266

宇宙线膝　cosmic-ray knee　02.259

宇宙噪声吸收仪　riometer　02.123

愈合前沿　healing front　01.341

预测反褶积　predictive deconvolution　03.226

原地测量　in-situ measurement　01.707

原地剩磁　site remanence　01.504

原地应力　in-situ stress　01.708

原生磁化[强度]　primary magnetization　01.497

原生气体　juvenile gas　01.667

原生剩磁　primary remanent magnetization　01.505

原生水　juvenile water, connate water　01.668

F1 缘　F1 ledge　02.115

远场　far-field　01.183

远场面波　far-field surface wave　01.185

远场体波　far-field body wave　01.184

远震　large earthquake, distant earthquake, teleseism　01.047

远震地震波　teleseismic wave　01.133

月震　moonquake　01.025

月震图　lunar seismogram　01.061

月震学　lunar seismology　01.013

月震仪　moon seismograph　01.737

孕震区　seismogenic zone　01.359

Z

载荷潮　load tide　01.466

载荷勒夫数　load Love's number　01.470

再磁化　remagnetization　01.507

再磁化圆[弧]　remagnetization circle　01.508

暂态蠕变　transient creep　01.712

造山地热带　orogenic geothermal belt　01.643

泽德费尔德图　Zijderveld diagram　01.588

展开立体图　open cube display　03.257

张力轴　tension axis, T-axis　01.297

张位错　tensile dislocation　01.289

障碍体[震源模式]　barrier [source model]　01.347

折合摆长　reduced pendulum length　01.749

折合热流量　reduced heat flow　01.625

折合走时　reduced travel time　01.254

折射波对比法　refraction correlation method　03.149

真高　true height　02.140

震动持续时间　duration of shaking　01.374

震害　earthquake damage　01.367

震后的　post-seismic　01.372

震级　earthquake magnitude, magnitude　01.081

震级–频度关系　magnitude-frequency relation　01.088

震前的　pre-seismic　01.370

震情　seismic regime　01.356

震群　[earthquake] swarm　01.052

T 震相　T phase　01.148

震相辨别　phase discrimination　01.155

震相识别　phase identification　01.156

震源　hypocenter, focus, seismic source　01.104

震源参数　hypocenter parameter, seismic source parameter　01.110

震源尺度　focal dimension　01.285

震源定位　hypocentral location　01.106

震源动力学　seismic source dynamics　01.267

震源过程　focal process　01.340

震源机制　focal mechanism, earthquake source mechanism　01.270

震源机制解　focal mechanism solution　01.271

震源距　hypocentral distance　01.105

震源力　focal force　01.282

震源球　focal sphere　01.292

震源深度　focal depth, earthquake depth　01.112

震源时间函数　source time function　01.311

震源体积　focal volume　01.268

震源运动学　seismic source kinematics　01.266

震灾　seismic hazard, earthquake hazard　01.366

震中　[earthquake] epicenter, epifocus　01.073

震中对跖点　anti-epicenter, anticenter　01.079

震中方位角　epicenter azimuth　01.078

震中分布　epicenter distribution　01.075

震中距　epicentral distance　01.074

震中烈度　epicenter intensity　01.076

震中迁移　epicenter migration　01.077

振幅包络　amplitude envelope　03.229

振型–射线双重性　mode-ray duality　01.187

正常[深度]地震　normal earthquake　01.036

正常重力位　normal gravity potential　01.447

正频散　normal dispersion　01.135

正向极性　normal polarity　01.548

正异常　positive anomaly　03.025

正转　prograde　01.258

吱声　tweak　02.239

直达波　direct wave　01.143

直接电导率　direct conductivity　02.121

直流[场]清洗　direct current cleaning, DC cleaning　01.530

AE 指数　auroral electrojet index, AE index　02.300

Ap 指数　Ap index　02.299

C 指数　C index　02.292

Ci 指数　Ci index　02.294

C9 指数　C9 index　02.295

Dst 指数　Dst index　02.301

K 指数　K index　02.297

Kp 指数　Kp index　02.298

志田数　Shida's number　01.468

质子层　protonosphere　02.026

质子旋进磁力仪　proton-precession magnetometer　03.063

质子耀斑　proton flare　02.267

中层大气　middle atmosphere　02.031

中间层　mesosphere　02.006

中间层顶　mesopause　02.007

中间极性　intermediate polarity　01.550

中间梯度法　central gradient array method　03.091

中心偶极子　central dipole　02.186

中性层　neutrosphere　02.020

中性层顶　neutropause　02.021

中子–γ 测井　neutron-γ logging　03.285

中子–超热中子测井　neutron-epithermal neutron logging　03.283

γ–中子法　γ-neutron method　03.310

中子–热中子测井　neutron-thermal neutron logging　03.284

中子–中子测井　neutron-neutron logging　03.282

中子活化测井 neutron activation logging 03.287

中子活化法 neutron activation method 03.311

重力 gravity 01.441

重力测量 gravity measurement 01.453

重力测量学 gravimetry 01.444

重力场 gravity field 01.443

重力等位面 equipotential surface of gravity 01.450

重力低 gravity low, gravity minimum 03.050

重力调查 gravity survey 03.011

重力高 gravity high, gravity maximum 03.049

重力加速度 gravity acceleration 01.442

重力勘探 gravity prospecting 03.005

重力梯度测量 gravity gradient survey 03.046

重力梯度仪 gravity gradiometer 03.061

重力位 gravity potential 01.445

重力仪 gravimeter 01.457

重力仪零漂改正 gravimeter drift correction 03.054

重力梯度带 gravity gradient zone 03.051

重现周期 return period 01.103

* B 轴 null vector, N-axis, B-axis 01.298

* N 轴 null vector, N-axis, B-axis 01.298

* P 轴 pressure axis, P-axis 01.296

* T 轴 tension axis, T-axis 01.297

主测线 inline 03.244

主磁场 main field 02.171

主导[地震]事件 master [seismic] event, calibration [seismic] event 01.108

主导地震 master earthquake 01.107

主动源[方]法 active source method 03.018

主相 main phase 02.209

主震 main shock 01.049

助动重力仪 astatic gravimeter 03.059

转换波 converted wave 01.158

转换断层 transform fault 01.409

转折点 turning point 01.241

锥面波 conical wave 01.214

准横传播 quasi-transverse propagation 02.167

准纵传播 quasi-longitudinal propagation 02.168

* 资料解释 data interpretation 03.043

子波处理 wavelet processing 03.224

自发[断层]破裂 spontaneous [fault] rupture 01.314

自反向 self-reversal 01.544

自然电位测井 self-potential logging, SP logging 03.270

自然电位法 self-potential method 03.101

自适应叠加 adaptive stack 03.231

自由空气异常 free air anomaly 01.436

自由振荡 free-oscillation 01.163

综合断层面解 composite fault-plane solution 01.273

综合物探系统 integrated geophysical system 03.004

总磁异常强度 total intensity of magnetic anomaly 03.062

总热剩磁 total thermoremanent magnetization 01.513

纵波 longitudinal wave 01.122

纵向电导 longitudinal conductance, S 03.097

走时表 travel-time table, seismological table 01.190

走时曲线 travel time curve 01.138

走向定向 strike orientation 01.494

足球振型 football mode 01.180

阻挡时间 blocking time 01.603

阻挡体积 blocking volume 01.604

阻挡温度 blocking temperature 01.601

阻挡直径 blocking diameter 01.602

阻抗界面 impedance interface 03.154

阻抗探针 impedance probe 02.135

组合检波 geophone array 03.181

组合源 source array 03.180

钻孔形变计 borehole deformation gauge 01.720

钻孔应变计 borehole strainmeter 01.719

钻孔应力计 borehole stressmeter 01.728

最大可用频率 maximum usable frequency, MUF 02.169

佐普利兹-特纳走时表 Zöppritz-Turner travel